동적 평형

후쿠오카 신이치 福岡伸一　　1959년 도쿄에서 태어나 교토대학을 졸업했다. 미국 록펠러 대학 및 하버드대학 의학부 박사연구원, 교토대학 조교수 등을 거쳐 현재는 아오야마가쿠인대학 이공학부 생명과학과 교수로 재직하고 있다. 전공은 분자생물학. 전공분야의 논문 발표와 더불어 일반 독자를 대상으로 저작, 번역도 하고 있다. 저서로는 2006년 고단샤 출판문화상 과학출판상을 수상한 《프리온설은 사실일까?》, 산토리학예상을 수상한 《생물과 무생물 사이》와 《나누고 쪼개도 알 수 없는 세상》 등이 있다. 옮긴 책으로는 《쓰키지》, 노벨평화상 수상자인 왕가리 마타이의 자서전 《나무들의 어머니》 등이 있다. 로하스적인 삶을 지향하는 로하스 클럽의 이사로도 활동하고 있다.

옮긴이 김소연　　한국외국어대학교 통역번역대학원과 동덕여자대학교에서 일본어를 공부했다. 현재는 한일아동문학연구회에서 아동문학을 공부하면서 서울외국어대학원대학교에 출강하고 있다. 옮긴 책으로는 《생물과 무생물 사이》《마리아 불임 클리닉의 부활》《즐거운 수학사전》《나, 엄마 만나러 왔어요》《느티나무의 선물》 등이 있다.

DOTEKI HEIKO (Dynamic Equilibrium)
by Shin-Ichi FUKUOKA

후쿠오카 신이치 지음
김소연 옮김

動的平衡

동적평형

세상이 달리 보이는
흥미진진한
분자생물학 스토리

은행나무

파란 장미

F박사는 생각했다.

붉은 장미를 달개비처럼 선명한 파란색으로 바꾸고 싶다.

그러기 위해서는 달개비에만 있고 장미에는 존재하지 않는 색소 합성 효소 유전자를 도입해야 한다.

하지만 주역이 되는 효소 하나만으로 장미가 파랗게 변하지는 않는다. 그러기 위해서는 달개비로부터 그 효소를 돕는 다른 효소군도 옮겨와야 한다.

한편, 붉은 장미에는 장미를 붉게 하기 위한 색소 합성 메커니즘이 처음부터 작용하고 있다. 때문에 거기에 파란 색소를 만드는 메커니즘을 이식하면 당연히 경쟁과 간섭이 발생한다.

따라서 장미 효소 가운데 방해가 되는 것은 제거해야만 했다.

또한, 어렵게 합성된 파란 색소가 안정적으로 존재할 수 있는 세포 내 환경을 만들지 못하면 장미는 파란색을 유지할 수 없게 된다. 때문에 달개비로부터 색소를 안정화시키는 시스템도 가져와야 한다.

　박사는 이런 작업을 하나하나 끈기 있게 진행해 나갔다. 파란 장미를 만들기 위한 유전자를 이식하고 장미에 불필요한 유전자를 제거했다. 몇 년 후, F박사는 드디어 사랑스러운 장미를 피워내는 데 성공했다.
　선명한 파란색으로 빛나는 꽃을.

　하지만 박사는 깨닫지 못했다. 그 꽃은 어느 모로 보나 바로 달개비 그 자체였다는 사실을.

제5장 생명은 시계장치인가?
만능세포의 신비

제6장 사람과 병원체의 싸움
끝없는 숨바꼭질

생명현상이란 무엇인가

우울한 보스

Shin-Ichi, you can not get wealthy by salary.

"신이치, 월급만으로는 결코 부자가 될 수 없다네."

하버드 대학에서 연구원 생활을 하던 90년대 초반, 우리 연구실 수장이었던 조지 실리 박사는 이렇게 말했다.

정말 부자가 되려면 남 밑에서가 아니라 직접 사업을 해야 한다는 뜻이었다. 사실 이 말은 실리 박사가 자기 자신에게 던진 말이었을지도 모른다. 당시 박사는 끝없는 연구비 획득 경쟁에 지쳐 있었음에 틀림없다.

일본과 미국은 대학과 연구자의 관계가 전혀 다르다. 일본의 경우 국공립대학은 물론 사립대학이라도 대학은 모두 공적인 성격을 갖기 때문에 교수들은 거의 종신고용제도에 의해 보호받으며 든든하고 안락한 보금자리를 제공받는다. 급여는 대학이 지불해주고 연구비 역시 기본적인 부분은 보장해주는 경우가 많다.

그런데 미국은 전혀 그렇지가 않다. 대학과 연구자의 관계는 임대 빌딩과 임차 점포의 관계인 것이다. 연구자는 어딘가에서 연구비를 벌어와서는 그 일부를 대학에 상납한다. 자릿세인 셈이다.

그 대신 대학은 연구할 수 있는 공간과 전기나 수도 같은 인프라, 청소와 경비를 비롯한 서비스를 제공한다. 그리고 명문 대학이라면 학교 브랜드 사용권을 부여한다.

특히 이과계열로 유명한 대학은 이런 점에 대해 더욱 철저하다. 자릿세를 많이 지불하는 연구자, 즉 외부자금을 많이 끌어들이는 유력한 교수는 그 금액에 상당하는 공간과 서비스를 대학 측으로부터 제공받는다. 자신의 급여는 물론 연구실 식구들의 급여도 그 연구비 중에서 충당함은 물론이다.

한 번 자릿세가 밀리기라도 하면 그 연구자는 대학을 떠나야 한다. 사람들은 대부분 명문 대학을 선호하기 마련이어서 하버드대학 같은 경우는 내가 잠시 몇 년간 적을 두었던 사이에만도 수많은 전입과 전출을 목격했다.

그러므로 연구자에게 연구비 획득은 그야말로 사활이 걸린 문제다. 교수직처럼 연구를 관장하고 집행해야 하는 입장에 있는 사람에게는 연구 자체보다 일단 어떻게 연구비를 획득하고 유지할 것인가가 더 큰 과제인 것이다.

매년 정기적으로 NIH(일본의 후생성에 해당)에 연구비를 신청하는 시기가 되면 두툼한 계획서를 작성하여 제출하고 심사를 받게 된다. 이때가 되면 미국 전역의 연구실 수장들은 가슴을 졸이며 결과를 기다린다.

미국의 일류 연구자들은 매년 이런 줄타기를 하며 산다. 나의 보스인 조지 실리 박사도 이러한 시련을 극복하고 살아남은 인물 중 하나였다. 그리고 그는 뉴욕의 록펠러대학에서 보스턴의 하버드대학 의학부로 자리를 옮겼다.

실리 박사의 스승은 조지 펄레이드(George Emil Palade)라는 과학자다. 펄레이드는 록펠러대학에서 전자현미경을 이용해 세포의 미세 구조를 연구한 끝에 세포 내부에서 단백질이 규칙적으로 이동하는 경로와 메커니즘을 밝혀냈다. 그에 대한 포상으로 그는 1974년 노벨 의학·생리학상을 수상했다.

실리 박사보다 앞서 펄레이드 박사 밑에서 수학한 귄터 블로벨(Gunter Blobel)은 펄레이드 박사의 성과를 한 단계 더 발전시켜 단백질이 세포로부터 외부로 분비되는 기구에 대해 연구했다.

분비된 단백질은 그 끝에 시그널 배열이라는 특수한 구조를 가지고 있는데, 시그널 배열이 일종의 꼬리표로 식별되어 세포 내에 머무르는 단백질과 세포 바깥으로 분비되는 단백질이 분류되는 것이다.

블로벨 박사의 이 연구는 세포생물학 역사상 아주 중요한 의의를 갖는 연구였으며, 1999년 노벨상 수상이라는 영광을 안았다. 조지 실리 박사는 펄레이드 박사와 블로벨 박사의 연구에 동참했으며 그들의 노벨상 수상에 크게 기여했다.

실리 박사의 연구 업적과 경력은 세인의 선망의 대상이 되었으나 그가 항상 중압감 때문에 힘들어했음 또한 사실이었다.

1993년 나의 보스는 하버드대학 의학부라는 둥지를 뒤로하고 바이오 벤처기업을 설립했다. 당시 나는 이미 일본으로 돌아와 있었는데, 그의 이 대담한 결단을 듣고는 깜짝 놀라고 말았다.

이미 그의 결심에는 흔들림이 없었다. 알파진이라는 회사명과 로고까지 만들어 놓은 상태였다. 우리가 연구해 온 유전자 데이터를 기본 특허로 해서 약품 개발로 이어지는 화합물(신약후보물질)을 찾아낸다는 것이 이 회사의 슬로건이었다.

물론 나는 성공을 기원했지만 동시에 앞날에 대한 불안감도 감출 수 없었다. 우리의 연구는 지극히 기초 연구에 해당한다. 기초 연구란 한마디로 '자연은 이런 구조로 되어 있습니다' 라는 서술에 지나지 않는다. 그것은 직접적으로 누군가에게 도움이 되거나 상품이 되지는 않는다.

그러므로 알파진이 짧은 시간 내에 성급한 투자자들을 설득시킬만한 성과를 낼 것이라 기대할 수는 없었다. 하지만 실리 박사는 '가능성을 보여주는 것만으로 충분하다' 며 낙관적이었다.

노벨상이냐 억만장자냐

2000년 6월 나는 미국 서해안의 작은 도시 라호야로 향했다. 로스앤젤레스에서 남쪽으로 태평양을 따라 차로 두 시간 가량 내려가면 언덕에 자리한 라호야가 나온다. 'La Jolla'라고 쓰고 '라호야'라고 읽는 이 도시의 이름은 스페인어로 '보석'을 의미한다.

이곳은 미국의 지성과 부가 그야말로 보석처럼 응축되어 있다. 태평양이 내려다보이는 북쪽의 구릉지대에 세계적으로 유수한 바이오 벤처기업들이 모여 있고, 여기서는 밤낮으로 유전자 비즈니스를 둘러싼 비밀스런, 하지만 열띤 경쟁과 발견이 끊임없이 계속되고 있다.

조지 실리 박사도 자신이 설립한 바이오 벤처의 거점을 이곳으로 정했다.

그런데 왜 미국의 바이오 벤처는 라호야로 몰려드는 것일까?

첫 번째 이유는 벤처의 추진력인 의욕 넘치는 젊고 우수한 두뇌 때문이다. 일반적으로 그 두뇌를 담당하는 것은 '박사 후 과정'(Post Doc, 박사 과정을 수료한 후 2~3년의 연구 수련 기간에 해당하는 30세 전후의 인재)의 몫이다. 때문에 벤처 기업군이 생길 때는 지정학적으로 반드시 그 배후지가 되는 유능한 인재 공급원이 필요하다.

바이오 벤처가 라호야로 몰려든 가장 큰 이유는 소크 생물학 연구소, 캘리포니아대학 샌디에이고 캠퍼스(UCSD), 스크립스 연구소 등 초일류 연구교육기관이 존재하기 때문인데, 물론 이들 기관은 새로운 기술을 잇달아 내놓는 지성의 전당으로서 기능한다.

이곳은 신약후보물질을 찾아 일확천금을 노리고 전 세계 여기저기서 찾아온 순례자들의 발길이 끊이지 않는다. 그리고 라호야의 푸른 하늘과 수평선, 바닷바람과 태양. 이 훌륭한 환경이 미국 전역의 부자들을 이곳으로 유혹한다. 레이드백(Laid Back)이라 불리는 부와 명성을 손에 넣고 안락한 생활을 시작한 사람들이다. 하지만 이들은 결코 완전히 은퇴한 사람들은 아니다. 그들은 항상 새로운 투자처를 탐색한다. 실리 박사 역시 이런 말을 한 적이 있다.

"거래 계약은 골프장에서 이루어진다"고 말이다.

라호야 주변에는 유명한 골프 코스가 100여 개나 있다.

쾌적하게 냉방이 잘 된 알파진의 사장실에서 나는, 과거 나의 보스이며 바이오 벤처기업의 창업자인 실리 박사에게 단어 선별에 신중을 기하며 몇 가지 질문을 했다.

당신은 세포생물학자로서 뉴욕의 록펠러대학, 그리고 하버드대학 의학부에서 뛰어난 성과를 거뒀다. 그런데 어째서 아카데미즘을 버리고 알파진이라는 벤처기업을 세우고자 결심했는가.

"1980년대 후반부터 90년대 초반에 걸쳐 미국의 경기 후퇴 영향으로 과학을 둘러싼 환경이 미묘하게 변하고 있음을 느꼈다. 공적인 연구비를 획득하기가 상당히 어려워졌고 대학에서 연구를 지속하기 위해서 연구자는 자신의 생활 중 대부분의 시간을 연구 자체가 아니라 연구 예산을 획득하기 위해 써야 하는 그런 역설적인 상황에 놓인 것이다.

　한편, 시장 경제에는 새로운 기운이 감돌기 시작했는데 이전에는 상품으로 여겨지지 않던 기초 연구의 정보적 가치를 투자가들이 평가하기 시작했다. 벤처기업은 시장으로부터 자금을 조달할 수 있게 되었고 또한 비교적 신속하게 성과를 보여줬다. 그리고 벤처가 성공하면 그 이익으로 기초 연구도 가능해진다. 즉, 예산서 작성에만 급급한 대학을 고집할 이유가 없는 것이다.”

　그렇다면 연구에 대한 열정이 식어 자본을 추구하게 된 건 아니라고 말할 수 있나.

　“나는 처음부터 영리기업인 알파진과 함께, 알파진의 수익을 기초 연구로 돌리기 위한 창구로 비영리 연구소인 게놈 의학 연구소라는 기구를 설립하겠다는 계획을 세웠고, 이미 법적인 절차도 마친 상태다.

　90년대 들어 과학 연구 행태나 인재의 흐름이 확실히 변하고 있다. 지금까지는 학위를 취득한 젊은 두뇌는 박사 후 과정이라는 수련의 시간을 거쳐 대학에 남아 일하고자 했으나, 최근에는 그들 대부분이 벤처로 흘러들어오고 있다.

　벤처의 초임은 대학보다 두 배 이상 많다. 게다가 신생 벤처에 들어오면 스톡옵션(주식보유 특권)까지 손에 넣을 수 있다. 지금 미국의 젊은 연구자들은 하나같이 ‘노벨상보다 억만장자’라고 말한다.”

알파진이 여기에 이르기까지의 여정은 결코 쉽지 않았을 것 같은데.

"물론이다. 처음에는 보스턴에 있던 내 아파트에서 나와 경리 담당, 이렇게 둘이서 시작했다. 우선 우리는 벤처 캐피털에는 의지하지 말자는 기본 방침을 세웠다. 투자를 전문으로 하는 벤처 캐피털에 자금을 의존하게 되면 초기 자금 조달은 쉽지만 회사가 성장하는 과정에서 탐욕스런 그들의 간섭을 받게 된다.

그래서 우리는 개인 투자자를 통해 자금을 모으기 시작했다. 미국에서는 투자에 흥미가 있는 자산가들을 모아 벤처기업 측이 회사 설명회를 하는 경우가 흔한데, 그런 기회를 마련하고자 미국 전역을 돌았다.

처음에는 어렵게 고용한 연구자가 얼마 안 돼 빠져나가거나 나와 생각이 맞지 않아 그만두기도 했다. 나 역시 쓰린 경험을 많이 했다."

승산은 어디에 있었나?

"우선 플렉스라는 기술을 들 수 있다. 이 기술은 당신(후쿠오카)도 공동연구자로서 참여했으니까 잘 알고 있겠지만, 유전자 해석에는 없어서는 안 되는 방법론 중에 하나다.

이것으로 누락 부분이 없는 완전한 길이의 cDNA(단백질을 코드하는 메신저 RNA라는 정보 단위를 안정적인 DNA로 치환한 것)를 추출할 수 있다. 길이가 완전하지 않으면 유전자의 기능을 충분히 조사할 수 없다.

회사를 설립할 때, 이 플렉스 기술에 대한 특허권을 취득했고 이것이 알파진 고유의 핵심 기술이 되었다.

플렉스 기술을 이용하여 우리는 완전한 길이의 유전자를 조직째로 수집하기 시작했다. 즉, 유전자 목록을 만든 것이다. 이 작업은 지금도 계속되고 있으며 현재 500만 개가 넘는다. 철통 보완 시스템이 갖춰진 비밀 창고의 영하 80도 냉동고들 속에 보관되어 있다. 그것이 알파진의 최대 무기다.

현재 수많은 벤처 기업이 신약후보물질의 타깃이 되는 유전자를 바이오칩 등을 이용해 스크리닝으로 찾아내고 있는데, 대부분의 기업은 후보 유전자를 발견하여 그 '정보'를 팔 수는 있어도 실물 자체를 팔 수는 없다.

하지만 알파진은 회사의 냉동고에서 '실물 유전자'를, 그것도 완전품을 꺼내 판매할 수 있는 것이다. 이것이 우리의 힘이다. 재고가 증가하면 할수록 회사도 더욱 안정되어 왔다. 대기업이 투자를 하고 라이선스 계약을 맺기 시작했기 때문이다. 직원도 50명가량으로 늘어났다."

회사 주식이 상장되는 날이면 박사는 어느 정도의 부자가 되는가?

"그건 비밀인데 이홉 자리 정도를 기대하고 있다."

아홉 자리라면 '억' 달러, 엔으로 환산하면 100억 엔이다.

생명현상이란 무엇인가

세계 최초의 바이오 기업인 제넨테크가 설립된 것은 지금으로부터 30여 년 전인 1977년이었다. 제넨테크는 최신 유전자 조작 기술을 내세우며 귀중한 약품 등을 생산하겠다고 약속했었다. 캘리포니아주립대 연구원들은 자신들이 발명한 것을 상업화한 것이다. 실제로 이 회사의 주식은 공개되자마자 눈 깜짝할 사이에 천정부지로 치솟아 그들은 말 그대로 하룻밤 사이에 억만장자가 되었다.

그 후로 지금에 이르기까지 하늘의 별처럼 많은 수의 바이오 기업들이 생겨났다. 그들은 모두 제넨테크의 성공을 목표로 삼았다. 하지만 오늘날 돌이켜 생각해보면 실제로 성공을 거둔 것은 수만 개 회사 가운데 다섯 곳도 되지 않으며 유감스럽게도 알파진 역시 그 안에 들지 못했다.

인터뷰 당시 나는 실리 박사 사무실의 책꽂이 한쪽 다른 사람의 눈에 띄지 않는 곳에 놓여있던 작은 발륨 병을 보았다. 발륨은 정신안정제의 일종이다.

그 후 얼마동안 알파진은 열심히 버텼다. 하지만 결국에는 유성처럼 흔적도 없이 사라졌다. 투자자들의 지원이 끊긴 것이 직접적인 원인이었다.

현재 조지 실리 박사는 완전히 다른 삶을 살고 있지만 그의 상처가 완치되었다고는 할 수 없다. 알파진의 흥망성쇠를 얘기하기에는 앞으로도 좀 더 시간이 필요할 것이다.

　사실은 나 역시 플렉스 기술의 공동개발자이며 특허 신청자 중에 내 이름도 올라 있었다. 실리 박사는 의리를 중요하게 생각하는 인물로서 이미 그의 곁을 떠난 내게도 알파진의 초기 주식 25만 주를 배당해 주었다. 그러므로 알파진의 귀추가 내게 완전히 남의 일이라고는 할 수 없었다. 하지만 이제 그 주식은 휴지조각이 되어 버렸다.

　왜 바이오 기술의 길은 험난한 것일까? 오늘도 내일도 미디어에는 '획기적인' 신개발이나 새로운 발명이 보도된다. 질병유발 유전자의 발견, 첨단 재생의료 기술, 만능세포…….

　하지만 그건 어디까지나 일시적인 뉴스이며 대부분 얼마 지나지 않아 퇴색되면서 다른 뉴스에 의해 잊힌다. 왜 그럴까?

　그 이유는 단적으로 말하면 바이오, 즉 생명현상은 원래 테크놀로지, 즉 기술의 대상이 되기에는 부적합한 테마이기 때문이다. 공학적인 조작, 산업상의 규격, 효율적인 재현성. 생명은 이런 것과는 동떨어진 곳에 존재하기 때문이다.

　그렇다면 대체 생명현상이란 무엇인가? 나는 항상 이 물음에 대해 생각한다.

제1장

뇌에 장착된 '편견'
― 사람은 왜 '착오'를 일으키는가

크릭의 마지막 도전 테마

1990년 어느 날, 나는 라호야의 연구소에 있는 카페테리아에서 식사를 하고 있었다. 식사 도중 문득 옆 테이블을 보니 낯익은 한 노인이 앉아 있었다. 물론 나에게만 그 노인이 낯이 익을 뿐 그는 나를 전혀 알지 못했다. 거기에 조용히 앉아 있었던 노인은 교과서나 책을 통해 수십 번도 넘게 보아 온 프란시스 크릭, 바로 그였던 것이다.

크릭에 대해 설명을 하는 새삼스러운 배려는 필요 없을 것이다. 제임스 왓슨과 함께 'DNA의 이중나선 구조'를 밝혀낸 노벨상 수상 과학자.

주변에 있던 사람들이 백발의 그 노인에게 특별한 경의를 표하거나 주의를 기울이는 듯한 기색은 없었으며 그 역시 그

냥 자리에 앉아 먼 곳을 바라보고 있었다.

함께 노벨상을 수상한 왓슨이 화려한 몸짓과 행정적인 수완으로 학계에서 군림하고 있는 것과는 대조적으로, 크릭은 줄곧 일개 연구자로서의 길을 걸어왔다.

그리고 지금, 그의 머릿속은 인류 최후의 문제로 가득했다. 그것은 '의식의 메커니즘'에 대한 윤리적인 연구, 좀 더 상세히 설명하자면 '인간은 어떻게 의식을 가지며, 왜 그것은 때때로 착각을 불러일으키는가'였다.

크릭은 자신보다 마흔 살이나 어린 크리스토프 코흐(Christof Koch, 1956~)와 함께 소크 연구소에서 '의식'에 관한 연구를 계속하고 있었다. 그들의 관심은 '주의(主意)'에 쏠려 있었다. 보고 듣는 많은 것들 가운데 사람은 어떤 것, 어떤 소리에만 '주의'를 기울인다. 그때 뇌에는 도대체 어떤 일이 일어나고 있는 것일까―?

2004년 여름, 크릭은 88세를 일기로 세상을 떠났다. 의식에 관한 연구는 공동 연구자인 코흐가 물려받았고 지금도 그의 연구는 소크 연구소에서 계속되고 있다.

기억물질을 찾기 위한 엥거 박사의 노력

크릭의 연구 주제였던 '의식의 문제'와 함께 생물학의 영원한 테마로는 '기억의 문제'가 있다. 이 두 가지는 모두 뇌의 작용에 인한 것인데 '기억'에 대한 이미지가 더 쉬우므로 우선 기억은 무엇인지, 기억에 대한 연구는 어떤 경로를 거쳐 왔는지를 함께 살펴보자.

기억은 뇌 안의 해마 영역에 '저장' 되어 있다는 말이 있다. 그렇다면 대체 기억은 어떤 형태로 저장되어 있을까?

가장 간단하면서도 순수하게는 '어떤 특정 기억이 특별한 분자의 형태를 띠고 해마에 있는 뇌세포 안에 머물러 있는 것' 이라 가정하는 것이다. 마치 컴퓨터의 '기억' 처럼 말이다.

컴퓨터는 이진법으로 코드화된 기억이 각각 지정된 주소에 자기(磁氣), 혹은 화합물의 변화로서 기록된다.

하지만 이 간단한 기억 모델은 생명현상을 관찰해보면 순식간에 부정되고 만다. 왜냐하면 모든 생체 분자는 항상 '합성' 과 '분해' 의 흐름 속에 있으며, 아무리 특별한 분자라 할지라도 속도의 차이는 있지만 여하튼 '분해' 와 '갱신' 의 대상이 되기 때문이다.

만약 기억이 분자에 의해 저장된다면 분자가 분해된 시점에서 정보는 사라지게 된다. 하지만 그리 오래 전도 아닌, 지금으로부터 약 30년 전에 당시 일류라 일컬어지던 과학자들이 기억물질을 찾아 우왕좌왕하던 시절이 있었다.

그 실험은 텍사스 주 휴스턴에 있는 베일러대학의 엥거 박사에 의해 이루어졌다. 실험용 쥐가 밝은 방과 어두운 방 중 하나를 선택하게 한다. 쥐는 어두운 곳을 좋아하는 습성이 있기 때문에 보통은 어두운 방으로 들어간다. 그러면 문이 닫히고 바닥에 깔린 전선을 통해 5초 동안 전기 쇼크가 가해진다.

이 실험이 며칠 지속되자 쥐는 이 장치를 완전히 학습해 어두운 방에는 들어가지 않게 되었다. 이 실험을 지켜 본 엥거 박사는 쥐의 뇌 안에 '암소(暗所) 기피' 기억이 축적되었다고 생각했다. 그리고 그것은 분자의 형태를 하고 있음에 틀림없다고.

학습을 거친 쥐의 뇌액이 추출되었다. 그리고 다른 쥐의 뇌에 그것을 주사했다. 쥐는 이전과 같은 실험 장치로 들여보내져 테스트를 받았다. 물론 이 쥐는 그 방에 전기 쇼크 장치가 깔려 있다는 사실을 모른다.

엥거 박사의 실험에 따르면 그 쥐들은 어두운 방을 기피했다고 한다. 즉, 어떤 개체로부터 다른 매체로 기억 물질을 이식시키는 데 성공했다는 것이다!

이 실험은 일대 센세이션을 불러일으켰고 어두운 곳을 기피하는 기억을 담당하는 물질은 엥거 박사에 의해 어둠공포증(Scotophobia)이라 명명되었다.

스탠퍼드대학의 고명한 생화학자인 골드버그는 이렇게 논평했다.

'순도나 구조는 알려지지 않았지만 일종의 뇌내 물질이 단리된 것은 틀림없다. 만약 이 물질로 인해 정말로 학습행동의 성과를 미학습된 동물로 이식할 수 있다면 이 발견은 현대 생물학 사상 가장 근원적인 대발견이라 할 수 있을 것이다.'

그리고 골드버그 박사는 엥거 박사의 실험을 재현해보려고 했다. 스탠퍼드대학 연구팀은 예단을 배제한 공정한 입장에서 가장 성실한 자세로, 끈기 있게, 엥거 박사가 행한 실험을 작은 부분까지 그 순서 그대로 동일한 조건에서 재현하고자 노력했다. 하지만 그들은 기억물질 이식 실험 결과를 재현할 수 없었다.

엥거 박사는 그 후로도 실험 조건을 미세하게 바꿔가며 그 원인을 찾고자 집요하게 파고들었지만 골드버그 박사가 이끄는 연구팀은 결국 이 실험에서 손을 떼기에 이르렀다.

'이 실험 결과의 해석에 대해 나와 엥거 박사는 결국 합의점을 찾지 못했다. 그래서 엥거 박사 팀과 공동으로 이 논문을 완성하기로 했던 계획을 철회한다. 엥거 박사 팀은 아마 별도의 논문으로 그들의 생각을 발표할 것이다.'

스탠퍼드 연구팀 이외 다른 찬동자들도 잇달아 포기를 선언했다. 하지만 엥거 박사는 굴하지 않고 어둠공포증의 실체를 밝히기 위해 독자적으로 매진했다.

엥거 박사는 생화학자였으며 그가 지향했던 것은 기억 물질의 단리, 구조 분석, 그리고 합성이었다. 이것만 성공하면 모든 의문은 다 풀릴 것이다.

그는 어둠공포증의 화학적 실체는 펩티드라 불리는 물질이라 생각했다.

그래서 그는 분석에 사용하기 위한 충분한 어둠공포 물질을 추출하기 위해 4천 마리의 쥐로부터 뇌를 모았다. 그리고 어느 날 '어둠공포 물질을 단리하여 구조를 결정, 인공합성까지 성공했다'고 발표했다.

박사는 인공합성된 어둠공포 물질을 사용하면 기억물질 이식 실험을 둘러싼 재현성의 문제도 마무리할 수 있을 거라 확신했다.

하지만 어둠공포 물질의 효력을 보여주는 확실한 실험 결과는 도출되지 못했고 다시 세세한 실험 조건을 둘러싼 토론이 오갔다.

결국, 기억의 물질적 기반을 밝힐 수 있는 증거는 전혀 얻지 못한 채 엥거 박사는 1977년 71세를 일기로 눈을 감았다. 그의 퇴장과 함께 '어둠공포 기억물질'도 이 세상에서 자취를 감췄다.

기억이란 무엇인가

생명현상이 끊임없는 분자의 교환 위에 성립된다는 것, 즉 동적인 분자의 평형 상태 위에 생물이 존재한다는 사실은, 이 기억 물질을 둘러싼 논쟁이 있었던 당시로부터 20년을 거슬러 올라간 시점에 이미 루돌프 쇤하이머라는 과학자에 의해 밝혀진 바 있다.

쇤하이머는 음식물에 포함된 분자가 순식간에 몸의 구성성분이 되고 또 다음 순간에는 몸 밖으로 빠져 나온다는 것을 발견하고 그런 분자의 흐름이야말로 살아있는 것이라고 주장한 것이다.

조금 냉정하게 생각해 보면 대사 회전을 늘 반복하는 물질을 기억매체라 할 수 없다는 건 금방 알 수 있다. 그러므로 음악이나 데이터를 기억하는 매체로서 우리는 항상 보다 안정적인 물질을 원해 왔다. 레코드, 카세트테이프, CD, MD, HD……

고작 며칠 만에 분해되어 버리는 생체 분자를 요소로 삼아 그 위에 기억을 저장한다는 건 원리적으로 불가능하다. 기억물질은 발견되지 않은 것이 아니라 존재할 수가 없는 것이다. 사람의 몸을 구성하는 분자는 모두 물질대사를 거쳐 새로운 분자로 대체된다. 그것은 뇌세포 역시 예외가 아니다.

뇌세포는 한번 완성되면 증식하거나 재생되는 일이 거의 없지만, 이는 건설된 건축물이 그 자리에 계속 서 있는 것과는 다르다. 뇌세포를 구성하고 있는 내부의 분자군은 빠른 속도로 변한다. 그 건축물은 구석구석까지 모두 리모델링이 이루어져 건축 당시에 사용된 건축 자재는 하나도 남아 있지 않다.

즉, 비디오테이프의 역할을 하는 분자 차원의 물질적 기반은 뇌 어디에도 없다. 뇌 안은 끊임없이 움직이고 있는 상태의, 어느 한순간을 보면 전체적으로 느긋한 질서를 유지하고 있는 분자들이 '고여있는 상태' 다.

거기에는 인과관계가 있는 게 아니라 평형상태가 있을 뿐이다. 우리가 '기억의 상기(想起)' 라 부르는 것도 사실은 한 시점에서의 평형 상태가 가져오는 효과에 불과하다.

대부분의 사람이 그러겠지만 우리는 5년 전이나 10년 전에 1년이 어떻게 지나갔는지 기억하지 못한다. 과거는 무서울

정도로 희미하다.

가령 '5년 전에는 이런 일이 있었고 10년 전에는 이런 일이 있었다'는 걸 기억할 수는 있어도 그것은 일기나 사진이나 기념품을 통해 간신히 시간의 순서를 따라가는 것일 뿐, 감각적으로는 10년 전에 있었던 일이 5년 전에 있었던 일보다 더 옛날이었던 것처럼 실감하지는 못한다.

거꾸로 5년 전의 일이 10년 전보다 더 신선하게 기억되는 것도 아니다. 사람은 나이를 먹을수록 시간이 경과되는 순서에 따라 과거를 기억하는 게 아니다. 사실은 과거를 희미하게밖에 떠올리지 못하는 것이다.

이것이 기억이라는 것의 정체다. 사람의 기억은 뇌 어딘가에 비디오테이프 같은 것이 오래된 순서대로 차곡차곡 쌓여있는 게 아니라 '상기된 순간에 만들어지는 무언가'인 것이다.

즉, 과거란 현재이며 그리운 것이 있다면 그건 과거가 그리운 것이 아니라 지금 그립다는 상태에 있는 것에 불과하다.

뭔가가 생생하게 기억난다면 과거가 생생한 것이 아니라 바로 지금 생생한 감각 속에 있는 것이다.

우리가 선명하게 기억하는 젊은 시절의 기억은 여러 번 기억을 떠올려 본 적이 있는 기억이다. 당신이 몇 번이고 떠올리고 그때마다 아련하게 그리워했으며 동시에 조금씩 바뀌어온 그 무언가이다.

그렇다면 기억이란 대체 무엇인가? 지금까지 말해온 것처럼 세포의 내부는 끊임없는 변천에 노출되어 있으므로 그곳에 기억을 물질적으로 저장해 두기란 불가능하다. 그렇다면 기억은 어디에 있는 것일까?

그것은 아마 세포 바깥일 것이다. 정확히 말하면 세포와 세포 사이에 말이다. 신경 세포(뉴런)는 시냅스라는 연계를 만들어 결합한다. 그리고 그 결합을 통해 신경회로를 만든다.

신경회로는 경험, 조건 부여, 학습, 그 밖에 다양한 자극과 응답의 결과로서 형성된다. 회로 어딘가에 자극이 전해지면 그 회로에 전기적·화학적인 신호가 전해진다. 신호가 반복적으로 회로를 따라 흐르면 회로는 그때마다 강화된다.

신경회로는 말하자면 크리스마스에 장식으로 사용되는 일루미네이션 같은 존재다. 전기가 통하면 차례차례 불이 들어오면서 어떤 성좌를 만들어낸다. 오리온자리, 궁수자리, 작은 곰자리.

일시적으로 회로 어딘가에 자극이 입력된다. 그것은 익숙한 냄새일지도 모른다. 혹은 멜로디일지도 모른다. 작은 유리 파편 같은 것일지도 모른다. 자극은 그 회로를 활동 전위의 물결 모양으로 타고 흐르며 신경 세포에 하나하나 불을 켠다.

회로의 형태는 과거에 만들어진 것과 똑같은 성좌가 되어 지금까지 잊고 있어 어두웠던 뇌 안에 창백한 빛을, 아주 짧은 순간, 발한다.

비록 각각의 신경 세포 안에 있는 단백질 분자가 합성과 분해를 거쳐 모두 바뀐다 해도 세포와 세포가 만들어내는 회로의 형태는 유지된다.

아니, 그 형태조차 세월이 흐르는 동안 조금씩 변할지도 모른다. 하지만 성좌의 기본 틀은 그대로 남는다.

정보전달물질 펩티드의 암호

지금 엥거 박사의 기억 물질 연구가 언급되는 일은 없다. 하지만 그의 연구가 완전히 허무하게 끝났는가 하면 결코 그렇지는 않다. 왜냐하면 그의 시행착오가 없었다면 훗날 기유맹과 섈리(Roger Guillemin & Andrew Schally)의 노벨상 연구도 없었을 것이기 때문이다.

그들이 추구한 것은 기억 물질이 아니라 뇌내의 정보전달 물질이었다. 하지만 이는 엥거가 상정했던 것과 완전히 일치하는 펩티드라 불리는 분자였다.

신경과 신경 사이의 정보 전달에는 펩티드가 작용하고 있다. 신경과 그 신경이 지배하고 있는 다른 세포와의 사이에도 펩티드가 개입되어 있다. 어떤 특정 명령은 어떤 특정 펩티드가 담당한다. 이 펩티드의 정체를 밝히는 일은 뇌의 명령이 어떤 분자의 '언어'로 쓰여 있는지를 알아내는 일이다.

이는 많은 위기와 우여곡절을 극복하고 비밀 문서에 접근하여 거기에 적힌 암호문을 해독하는 일과도 흡사하다.

그리고 비밀 문서와 마찬가지로 일단 그 문서를 발견하고 해독하고 나면 모든 부와 명예는 그 사람의 것이 된다. 바로 이 때문에 연구 경쟁이 생겨나는 것이다.

단, 비밀 문서와는 다른 점이 하나 있다. 문서는 아마존 밀림 속의 오지에 숨겨져 있는 게 아니라 뇌 안의 미로 속에 숨겨져 있다는 사실이다.

그러므로 기유맹과 샐리가 하려 했던 것은 엥거가 시도했던 것과 똑같은 작업이었다. 뇌 샘플을 대량으로 수집해 그것을 잘게 부수고 다양한 분석 방법으로 잘게 나누어, 목표로 하는 펩티드를 단순한 형태로 추출한 다음 펩티드의 아미노산 배열을 정한다. 이것이 펩티드의 정체를 밝히는 작업이다.

기유맹은 소크 연구소를 사령탑으로 삼아 양을 비롯해 수만 마리에 달하는 동물의 머리를 모았고 통제된 조직적인 연구 시스템으로 펩티드의 정체를 밝혀내려 했다.

한편, 샐리 박사는 모든 면에서 기유맹과는 다른 사람이었다. 뉴올리언스에 있는 연구실이 샐리 박사의 근거지였다. 그는 거칠고 감정적이었으며 오만하고 독선적인 인물이었다. 큰 소리로 연구원들을 질타하면서 탐욕스럽게 연구에 매진했다.

하지만 이 두 과학자는 겉으로 드러난 표현형으로 봤을 때만 완전히 다른 사람일 뿐 내면적으로는 같았다. 내가 1등이 될 것이다. 상대를 철저히 짓눌러 승리와 영광을 독점하겠다—.

결국 그들은 10년 이상, 몇몇 중요한 정보 전달 펩티드를 발견하기 위한 경주를 벌였다. 결과는 나란히 1승 1패, 무승부. 샐리의 연구를 도와준 실전부대원 중에는 일본인도 섞여 있었다. 그들의 침식을 잊은 헌신이 없었다면 샐리는 전쟁에서 패하고 말았을 것이다.

이 노벨상을 향한 경쟁과 일본인 연구원, 마쓰오 히사유키(松尾壽之), 아리무라 아키라(有村章)의 활약은 과학 저널리스트인 니콜라스 웨이드가 쓴 《노벨상의 결투》에 상세히 묘사되어 있다.

또한 기유맹과 샐리 이후로 뇌내 마약으로 주목 받는 엔도르핀, 엔케팔린을 비롯해 새로운 펩티드는 잇달아 발견되었다. 펩티드 암호는 계속해서 정체를 드러냈다. 엥거 박사가 개척한 방법론으로 말이다.

시간 도둑의 정체

그렇다면 기억 분자는 분명 존재하지 않는다고 할 수 있다. 하지만 분자의 대사 회전과 기억 사이에는 기묘한 관계가 있는 것처럼 보이는데, 그것은 시간 경과에 대한 감각이다.

하루가 눈 깜짝할 사이에 저문다. 혹은 1년이 순식간에 흘러간다. 어린 시절에는 그 1년이 훨씬 더 길었고 많은 일이 있었는데—.

왜 어른이 되면 시간이 빨리 지나가는 것일까? 누구나 느끼는 이런 의문은 아주 옛날부터 있었을 텐데 좀처럼 이해할 수 있는 설명을 찾을 수가 없다. 이 어려운 질문에 대해 생물학적으로 생각해보자. 이에 대해 흔히 들을 수 있는 말 중에

'세 살짜리 어린아이에게 1년은 지금까지 살아온 인생의 3분의 1인데 반해 서른 살인 어른에게는 30분의 1이기 때문' 이라는 설명이 있다. 하지만 분명히 이 설명은 답이 될 수 없다. 확실히 자신의 나이를 분모 자리에 놓고 1년을 생각해보면 나이를 먹어감에 따라 1년의 무게는 상대적으로 작아진다. 하지만 그렇다고 해서 이것이 1년이라는 시간이 짧게 느껴지는 이유가 되지는 못한다.

여기서 중요한 포인트는 우리가 시간의 경과를 '느끼는' 그 메커니즘인 것이다. 물리학적인 시간으로서 1년의 길이는 세 살 때나 서른 살 때나 같다. 그럼에도 불구하고 우리는 서른 살로서의 1년을 훨씬 더 짧게 느낀다.

애초에 우리는 시간의 경과를 어떻게 파악하는가. 자신이 지금까지 살아온 시간을 기준으로(혹은 분모로 삼아) 시간을 계산하는가. 만약 그렇다면 앞의 설명도 일리가 있게 된다.

하지만 이건 다르다. 우리는 자신이 살아온 시간, 즉 나이를 실감하지는 못한다. 대부분의 사람은 자신이 '아직 젊다'고 생각할 것이며 10년 전에 있었던 일과 20년 전에 있었던 일의 '오래된 정도'를 구분할 수도 없다.

만약 기억을 상실했다가 어느 날 아침 다시 기억이 돌아왔다 가정해 보자. 당신은 자신의 나이를 '실감' 할 수 있을까? 자신이 몇 살인지는 달력이나 수첩 같은 외부의 기억에 의지했을 때 인식할 수 있는 것이지, 시간에 대해 당신 내부가 느끼는 감각은 지극히 애매모호한 그 무엇일 뿐이다. 따라서 이

것이 분모가 되어 시간 감각이 발생하는 것이라고는 생각하기 어렵다.

1년이 눈 깜짝할 사이에 지나간다. 시간 경과라는 수수께끼는 사실 우리 내부에 있는, 이 시간 감각의 모호함과 관계가 있다는 것이 나의 가설이다. 그것은 바로 이런 것이다.

'체내시계'의 메커니즘

지금 나는 외부와 완전히 격리된 방에서 생활하고 있다고 가정해 보자. 이 방에는 창문이 없기 때문에 해가 떴는지 졌는지 밤낮을 구분할 수 없으며 시계 또한 없다.

이런 상황에서 어떻게 나는 시간적 감각을 얻을 수 있을까? 답은 하나다. 내 안의 '체내시계'에 의존하는 것이다. 대략 이 정도면 하루 24시간. 7번 잠을 잤으니 약 일주일이 지났을 것이다. 이젠 거의 한 달이 되어 가려나. 그리고 이젠 1년.

물론, 아무리 의식주가 해결된다 해도 이런 생활을 계속할 수는 없겠지만 이건 어디까지나 사고실험(思考實驗)이다.

내가 세 살 때 이 실험을 했고 내 '시간 감각'으로 '1년'이 지났다고 하자. 그리고 내가 서른 살이 된 후 같은 실험을 했고 '1년'이 지났다 치자. 두 실험 모두 내 생체 시계가 1년이라 느낀 시점은 '1년'인 것이다. 각각의 실험에서는 실제 물리적으로 얼마만큼의 시간이 흘렀는지 외부 세계에서 계측해 두었다.

자, 지금부터가 중요하다. 세 살 때 실시한 실험의 '1년' 과 서른 살 때 실시한 실험의 '1년' 은 어느 쪽 실제 시간이 더 길까?

의외라 생각할지도 모르겠지만 거의 틀림없이 서른 살이 느낀 '1년' 이 더 길 것이다. 그 이유는 뭘까?

이유는 우리 몸속에 있는 '체내시계' 의 메커니즘에 기인한다. 현재 생물의 체내시계의 정확한 분자 메커니즘이 완전히 규명된 것은 아니다. 하지만 세포 분열 타이밍이나 분화 프로그램 등의 시간 경과는 모두 단백질의 분해와 합성 사이클에 의해 컨트롤된다. 즉, 단백질의 신진대사 속도가 체내시계의 초침인 셈이다.

그리고 엄연한 또 하나의 사실이 있다. 우리는 나이를 먹어감에 따라 신진대사 속도가 확실히 늦어진다는 것이다. 즉, 체내시계 속도는 서서히 느려지는 것이다.

하지만 우리는 변함없이 어제처럼 살아 있다. 그리고 우리 내부의 감각은 지극히 주관적이기 때문에 자신의 체내시계 바늘이 서서히 느려지고 있다는 사실을 눈치 채지 못한다.

그러므로 완전히 외부로부터 차단되어 자신의 체내시계에만 의존하여 '1년' 을 측정했다면 세 살보다 서른 살의 시계가 더 천천히 돌며 그 결과 '이제 1년이 거의 다 됐구나' 라고 느끼기에 충분할 정도로 시계가 돌기에는 보다 더 긴 물리적 시간이 필요하다. 서른 살의 체내시계가 측정하는 1년이 더 긴 것이다.

자, 지금부터 더 중요한 얘기가 시작된다. 단백질의 대사회전이 늦어지면서 그 결과, 1년을 느끼는 시간은 더 길어진다. 그럼에도 불구하고 실제 물리적인 시간은 항상 같은 속도로 흘러간다.

그래서? 그렇기 때문에 본인은 아직 1년이나 지난 줄은 전혀 몰랐으며, 반년 정도 지난 줄 알았다며 깜짝 놀라게 되는 것이다.

나이를 먹어감에 따라 1년이라는 시간이 더 빨리 지나가는 것은 '분모가 커지기 때문' 이 아니다. 내 생명의 회전 속도가 실제 시간의 경과를 따라가지 못하는 것이다. 문제는 바로 이 것이다.

인간의 뇌에 고착된 편견

사람은 이런 시간적인 감각뿐만 아니라 여러 가지 면에서 착각을 하며 산다. 이 세상의 것들을 그 실제 모습과는 다르게 받아들이는 것이다.

헛것이 들린다는 말이 있다. 실제로는 아무런 소리도 나지 않는데 어떤 소리가 들리거나 누가 자기를 부르는 것 같은 기분이 드는 것. 요즘 일본 젊은이들은 영어로 된 노래 가사가 일본어처럼 들릴 때도 이렇게 표현하는 것 같다.

사실은 이와 똑같은 증상이 눈으로 뭔가를 볼 때도 일어난다. 여기서는 이 현상을 헛것을 본다고 부르기로 하자.

'백문이 불여일견' 이나 '자기 눈으로 본 것도 못 믿는다'

는 말을 흔히 하는데 사실 우리가 우리 눈으로 보고 '사실' 이라 믿는 것 자체도 '착각' 인 경우가 많다. 우리가 보고 듣는 것은 학문적으로 말하면 상당히 다양한 뇌의 '착각' 위에 성립되어 있다.

단, 내가 여기서 말하는 '헛것' 이라는 것은 존재하지 않는 것이 보이는, 소위 말하는 환각이 아니다. 사실은 완전히 우연의 결과인데 거기서 특별한 패턴을 발견하는 경우를 말한다.

예를 들어 우리는 하늘의 무지개는 일곱 빛깔일 거라 생각한다. 하지만 실제로 맨 가장자리부터 따져보면 빨강, 주황, 노랑, 파랑, 보라……정도밖에 안 보인다. 색과 색의 경계 또한 애매하다.

무지개는 본래 연속된 색의 띠이기 때문에 색테이프를 연결해 놓은 것 같은 선명한 경계는 없다. 그런데 우리는 그 경계선을 만들고 절단한다. 실제로 무지개의 색이 무슨 색으로 보이느냐는 민족에 따라 다르다고 한다.

혹은 우리는 종종 자연이 만들어 낸 불규칙한 문양 속에서 사람의 얼굴을 발견하기도 한다. 구름, 혹은 천장에 잡힌 주름, 단체 사진의 배경으로 찍힌 암벽. 그런 것들을 통해 과거에 힘든 시간을 보냈던 사람이나 그 자리에서 자살한 사람의 망령을 본다.

인간의 뇌는 불규칙한 가운데서도 뭔가 패턴을 발견하지 않고는 못 배긴다. 특히 사람의 얼굴에 관해서는 상당히 민감하게 얼굴 패턴을 발견하고 만다.

뿐만 아니다. 사람은 다른 생물의 문양 속에서도 사람의 얼굴을 쉽게 찾아내고는 한다. 사람의 얼굴 모양을 한 물고기인 '인면어(人面魚)'가 그렇다. 그리고 게의 등딱지나 곤충 중에도 사람의 얼굴과 정말 비슷한 모양을 한 것이 있다.

옛날에 이런 얘기를 들은 적이 있다. 사람들은 사람의 얼굴 모양을 한 게를 두려워해 그런 게를 잡으면 그 자리에서 놓아주었기 때문에 아직까지 그들이 살아 있는 것이다. 즉, 인면은 살아남기 위해 일부러 사람의 얼굴 모양을 만들어낸 일종의 의태(擬態)인 것이라고 말이다.

물론 이는 사실이 아닐 것이다. 게들은 아주 옛날부터, 즉 인류가 등장해 게를 포획하기 시작하기 이전부터 그런 모양을 하고 있었을 것이다. 그리고 게딱지가 사람의 얼굴처럼 보이는 것은 게가 우리에게 그런 모습을 보여주는 게 아니라 우리의 뇌에 각인된 착각이 게딱지에서 사람의 얼굴을 보게 하는 것이다.

이 정도로 사람의 뇌는 예민하게, 상당히 조악한 정보 안에서도 어떤 패턴을 발견하고 만다.

어째서 이런 특수한 능력, 바꿔 말하면 불가사의한 착각이 사람의 뇌에 각인되어 있는 것일까? 그 이유는 사람이 이 지구상에 출현한 이후의 역사와도 밀접한 관계가 있다고 생각한다.

인류의 조상은 과거 수백만 년 동안 항상 환경의 변화와 싸우면서 생존해왔다. 그때마다 살아남기 위해서는 복잡한 자연계 속에서 어떤 실마리를 발견해야만 했을 것이다.

남미에 서식하는 산누에나방의 일종(Automeris io).
올빼미의 눈처럼 생긴 '얼굴'을 하고 있다.

　그 진화의 과정에서 우리의 뇌에는 불규칙한 것 속에서 법칙이나 패턴을 발견하려는 작용이 가해져왔으며, 그것은 우리의 뇌에 정착했다. 어둠을 틈타 잠입하려는 적을 발견하기 위해, 혹은 사느냐 죽느냐의 기로에서는 이렇게 순간적으로 패턴화하는 능력이 큰 도움이 되었을 것이다.

　하지만 한편, 불규칙한 것 안에서 패턴을 발견하는 작용은 지금 우리가 봐 온 것처럼 대부분이 헛것이다.

　현대 사회를 살고 있는 우리에게 뇌가 직감적으로 보는 것은 그것이 없는 곳에서 어떤 것을 보고, 불규칙 속에서 강제적으로 관계성을 보는 경향이 있는 것이다. 오히려 이런 경우가 더 많은지도 모르겠다.

하지만 우리는 자신의 뇌가 어떤 습관이 있는지 느끼지 못한다. 이렇게 생각하면 불규칙으로부터 패턴을 읽어내는 '뛰어난 직감', 이것이 거꾸로 부정적으로 작용하는 경우도 있을 수 있다. 패턴화로 인해 자연이 갖는 복잡한 정교함이나 미묘한 차이 등을 지나칠 수도 있기 때문이다.

'보이는 사람'과 '보이지 않는 사람'

백문이 불여일견이다. 이 고사성어를 영어사전에서 찾아보면 'seeing is believing' 즉 '보는 것은 믿는 것이다'라고 되어 있다.

하지만 이 두 문장이 의도하는 바는 서로 상당히 다르다. 한자어가 시각의 우위성을 역설하고 있는데 반해, 영어는 시각이 지니는 일종의 특성 혹은 함정에 대해 말하고 있는 것처럼 들린다.

17세기에서 18세기에 걸쳐 유럽은 '본다'는 것에 광분하는 시기였다. 광학과 렌즈의 연마 기술이 발달했고 새로운 망원경과 현미경이 잇달아 등장했다. 사람들은 그 신기술을 이용하여 지금까지는 보고 싶어도 볼 수 없었던 것을 앞 다투어 들여다보았다.

네덜란드 델프트의 아마추어 현미경 제작자인 안톤 판 레이우엔훅(Antonie van Leeuwenhoek)은 세계 최초로 정자의 존재를 발견했다.

닥치는 대로 자연 현상을 관찰하던 그는 임질에 걸린 환자의 샘플을 들여다보던 중에 거기에 작은 벌레가 꿈틀거리고 있는 장면을 목격했던 것이다.

호기심 왕성했던 그는 연구를 멈추지 않았고, 건강한 남성에게서 채취한 샘플에도 이 벌레가 존재한다는 사실을 확인했다. '신선한 정액을 6을 세는 동안 현미경으로 관찰했다'고 기록하고 있으므로 샘플은 레이우엔훅 자신의 것임에 틀림없다.

뿐만 아니라 그는 개나 토끼 등 동물에도 이 작은 벌레가 존재한다는 사실을 알아냈다. 그리고 그는 이 '벌레'가 생식과 밀접한 관계가 있다고 생각했다.

하지만 시대는 아직 인간의 사고에 강한 편견의 뿌리를 내리고 있었던지라, 아이는 남자가 여자에게 선사하는 선물이며 남자가 힘들게 만든 아이의 '씨앗'을 배양하는 것이 여자의 할 일이라는 생각이 지배적이었다. 아빠가 하는 일은 참으로 위대하며 엄마는 그저 못자리에 불과하다는 생각 말이다.

레이우엔훅의 발견이 있은 후 17세기가 끝나가려는 무렵, 또 다른 연구자는 정자의 동그란 머리 부분에 무릎각지를 낀 채 쪼그리고 앉아있는 소인을 '보았다'.

이것이야말로 인간의 '씨앗'인 것이다. 자궁 내부에서 이 소인은 천천히 몸을 펴며 성장을 시작한다. 호문쿨루스—그는 ‘보고 싶은 것’을 정자 안에서 ‘본 것’이다.

현재, 우리는 고성능 현미경을 이용해 정자를 관찰할 수 있다. 정자의 둥근 두부 안에 이제 소인은 없다. 백문이 불여일견이라고? 아무리 봐도 거기에는 부정형의 젤리 상태로 된 물질만 가득 차 있을 뿐이다.

20세기 초반이 될 때까지 젤리를 자세히 관찰하여 거기에 존재하는 비밀의 암호를 해독하는 데 성공한 사람은 없었다.

네티 마리아 스티븐스(Nettie Maria Stevens)는 필라델피아 교외에 있는 작은 여자대학인 브린마워대학의 보조교원이었다. 그녀가 할 수 있는 일은 학생을 지도하는 틈틈이 현미경을 들여다보는 일뿐이었다.

그녀는 서두르지 않고, 초조해하지도 않고, 하지만 쉼 없이 틈만 나면 관찰을 했다. 그녀가 선택한 대상은 밀가루 속에서 꿈틀대는 작은 곤충이었다. 미미한 설비와 연구비로 손에 넣을 수 있는 샘플은 고작 이 정도였기 때문이다.

곤충도 물론 수컷과 암컷이 있으며 정자와 난자가 있다. 정자 혹은 난자가 만들어지는 과정에서 그 내부에 존재하는 염색체가 나타나는 어떤 순간이 있는데 그녀는 타이밍을 놓치지 않고 정성스럽게 그 수를 셌다.

난자에는 항상 10개의 커다란 염색체가 있다. 정자에도 10개의 커다란 염색체가 있다. 그런데 정자 중에는 9개의 커다란 염색체와 작은 1개의 염색체를 가지고 있는 녀석도 눈에 띄었다. 정자는 이렇게 두 가지 종류가 있고 그 존재 비율은 거

현미경을 발명한 레이우엔훅 (얀 베르콜리에Jan Verkolje 그림, 네덜란드국립박물관 소장)

발명 당시의 현미경. 현대와는 그 형태가 상당히 다르다. 가운데 돌기 부분이 렌즈.

의 1:1이었다. 전자의 정자가 난자와 결합하면 암컷이 태어나고 후자의 정자가 난자와 결합하면 수컷이 태어났다.

오늘날, 우리가 Y염색체라고 부르는 작은 염색체. 성을 결정하는 유전 메커니즘이 '보인' 순간인 것이다.

그런데 정말 신기하게도 스티븐스가 이런 결과를 발표한 후, 지금까지 그녀에게만 보였던 것들을 누구나 볼 수 있게 되었다.

착각을 낳는 메커니즘

도대체 왜, 사람의 뇌는 이런 '착각'을 하는 것일까? 그것은 뇌의 성장 과정을 관찰하면 이해할 수 있다.

뇌의 내부에는 신경 세포(뉴런)가 서로 촉수를 뻗고 있는데 그것이 연결되어(시냅스) 복잡한 회로를 형성하고 있다. 이 회로에 약한 전기가 통함으로써 우리는 비로소 말하고, 생각하고, 기억하고, 혹은 정교한 공작품을 만들고, 달리고, 악기를 연주한다.

하나하나의 지각, 감정, 사고, 행동마다 고유의 신경회로가 존재한다. 하지만 각각의 반응에 대한 고유의 신경회로가 처음부터 준비되어 있던 것은 아니다.

태아기에 뇌가 막 만들어질 무렵, 신경 세포는 사방팔방으로 촉수를 뻗으며 마구잡이로 연결된다. 그리하여 가능한 최대로 복잡한 회로망을 만들어낸다. 원래 준비된 것은 여기까지다.

그 다음, 엄마의 몸에서 세상 밖으로 나오면 이 회로망은 '베어져 나간다'. 환경에 노출되어 다양한 자극을 만나면 그때 사용되는(즉, 전기가 잘 통하는) 회로는 두껍고 강해지지만 거꾸로 사용되지 않는 회로는 연결고리가 끊겨 소멸된다. 이런 식으로 우리는 이 다양성으로 가득한 세상과 조화를 이뤄가는 것이다.

그 결과, 인종을 불문하고 자기가 자란 나라의 언어가 모국어가 되고 어떤 사람은 뛰어난 바이올린 연주자가 되며 또한 어떤 사람은 좁디좁은 평균대 위에서 거꾸로 회전할 수 있게 된다. 이와 같은 환경과의 상호작용의 결과로서 뇌의 합목적성(合目的性)이 생겨난다.

합목적성은 처음부터 목표된 것이 아니라 방대한 가능성 중에서 선택된 것이다. 그리고 그 선택은 각각의 개별 환경과 타이밍에 의해 결정된다.

가령 복제 인간이 탄생했다 하더라도, 즉 준비되는 뉴런과 시냅스의 가능성에 관한 패턴이 유전적으로 동일하다 해도 거기서 어떤 것이 선택되는지는 각각 다르다. 무엇인가가 베어져 나가는 것은 지극히 개인적이며 일회적인 작업이다. 우리 인생의 고유성은 이런 식으로 태어난다.

우리 뇌의 회로망은 절단과 강화로 인해 외부 세계와 조화를 이루고 고유성을 갖게 된다.

이는 살아가는 데 있어 아주 중요한 것이기는 하지만 동시에 우리의 뇌가 '착각'을 범하는 원인이기도 하다.

왜 배워야 하는가

얼마 전에 돗토리현립 돗토리니시고등학교라는 곳으로부터 강연 의뢰를 받아 그곳에 다녀온 적이 있었다. 이 학교에서는 매년 권장 도서를 정해 그 책을 읽고 소논문을 쓰게 하는데, 저자를 직접 학교로 초대해 학생들과의 대화의 장도 마련하고 있었다.

나는 광우병이 우리에게 던진 여러 문제점을 다룬 본인의 저서인 《쇠고기 안심하고 먹어도 되나》가 우연치 않게 권장 도서로 선정된 덕에 이런 영광스런 기회를 갖게 되었다. 듣자 하니 지금까지 오히라 겐(大平健, 정신과 의사), 아베 긴야(阿部謹也, 역사학자), 고하마 이쓰오(小浜逸郎, 평론가), 무라카미 요이치로(村上陽一郎, 과학사 전문가), 이노세 나오키(猪瀬直樹, 작가), 니노미야 세이준(二宮清純, 스포츠 저널리스트)과 같은 명사들을 초대했다고 한다.

약속한 날이 임박한 어느 날, 돗토리 지방은 마침 기습 눈보라 때문에 폐쇄되고 말았다. 돗토리니시고등학교는 에도시대 쇼토쿠칸(尚德館)의 전통을 이어받은 지역 내 유수 인문계 고등학교로서 창립 120주년을 맞았다고 한다. 고교야구에서도 고시엔에 출전할 정도로 문무 양면에 실력을 갖춘 학교다.

돗토리성(城) 사적지 내에 위치한 고등학교에 도착해 현관에 들어서니 유리 장식장에 진열된 갖가지 상패와 우승기가 눈에 띄었다. 교장실 옆에 자리한 응접실. 손에 빵 봉지를 들고 계단을 뛰어올라가는 학생들. 아마 쉬는 시간에 매점에서 점심을 사가지고 오는 것일 게다.

복도를 오가는 학생들도 모두 표정이 진지하다. 나는 문득 옛 생각에 잠겼다. 내가 고등학생이었을 때와 조금도 변하지 않았구나…….

하지만 변한 것도 있었다. 3학기제였던 것이 봄과 가을 2학기제로 바뀌었다. 그리고 어느 교실에든 컴퓨터와 액정 프로젝터가 구비되어 있어 학생들이 자료를 검색하거나 교사가 교재로 활용할 수 있도록 되어 있었다. 칠판과 분필이 사라지고 대신 그 자리에는 화이트보드와 펠트펜이 있었다.

도서관은 밝았고, 푹신해 보이는 소파가 놓여 있다. 사서의 센스인지 추천도서와 특집 코너가 눈에 뜨였고 서점에나 있을 법한 해설 메모판까지 갖춰져 있었다. 자유열람 도서관으로서도 훌륭한 모습이었다.

그곳에서 나는 '왜 배워야 하는가'라는 주제로 강연을 했다. 우리가 사는 데 있어 학교 같은 곳에서 공부하는 것보다 사회에서 직접 체득할 수 있는 직감이나 경험이 훨씬 더 유익하지 않을까―.

아니, 그건 그렇지 않다고 생각합니다. 나도 예전에 고등학생일 때 이 문제에 대해 여러분처럼 심각하게 생각한 적이 있었습니다. 그런데 요즘에야 비로소 이런 말을 할 수 있게 되더군요. "우리가 배우는 이유는 우리를 규정하는 생물학적 제약으로부터 자유로워지기 위해서다"라고 말이죠.

이 말은 이런 것이다. 나는 그 자리에서 학생들에게 내가 그동안 수집한 '헛것'에 관한 몇몇 영상을 보여주었다. 무지개의 스펙터클은 결코 일곱 빛깔이 아니라는 것, 인면 곤충이나 인면어의 사진을 예로 들며 원래 불규칙한 문양에 다양한 사람의 얼굴이 보인다는 것. 이들은 인간의 뇌가 마음대로 패턴을 만들어낸다는 증거다.

즉, 우리가 지금, 우리 눈으로 보고 있는 세계는 있는 그대로의 자연이 아니라 가공된, 데포르메(déformer)된 것이라고 말이다. 데포르메는 뇌의 특수한 조작이다.

사실 이런 현상이 시각에만 국한된 것은 아니다. 실제로는 관계없는 많은 것들에 대해 우리는 인과 관계를 부여하고는 한다. 왜 그럴까?

새삼스레 차이를 강조하여 부족한 부분을 보충한 다음, 관찰하거나 혹은 무작위로 진행되는 자연 현상을 인위적으로 연관시켜야만 오랜 진화의 역사 속에서 살아남을 수 있었기 때문이다. 세상을 도식화하고 단순화시킬 수 있으므로.

하지만 이는 사람이 사람이기 시작한 지 얼마 되지 않았을 때, 생존 자체가 유일한 최대 목적이었을 때의 얘기다. 지금 우리의 목적은 생존 그 자체가 아니라 생존의 의미를 발견하는 것으로 바뀌었다. 하지만 과거에 우리 몸에 밴 지각과 사고의 습관은 아직도 강하게 남아있다.

사람의 눈이 도려낸 '부분'은 인공적인 것이며, 사람의 사고가 발견한 '관계' 가운데 대부분은 망상에 불과하다. 그리고 우리의 뇌는 비례적으로 변화하는 현상은 비교적 잘 이해하지만, 지수함수적으로 증가하는 것, 진동하는 것, 변화하면서 움직이는 것에는 약하다.

분명 진화는 우리에게 편견을 심어주고 일정한 규칙의 틀로 옭아맨다. 하지만 동시에 가소성(可塑性), 즉 자유로 향하는 문도 열어 놓았다. 우리는 스스로 생물학적 규제 밖으로 사고의 영역을 넓힐 수 있는 것이다.

흔히 우리는 우리 뇌의 극히 일부밖에 사용하지 않는다는 말을 하는데, 사실 그 말은 세상의 현상을 '극히 직감적으로밖에 보지 못한다'는 말과 같은 뜻이다. 세상은 우리가 알지 못하는 부분에서 여전히 경이로움과 아름다움으로 가득 차 있다.

여기서 우리는 중요한 잠언을 도출할 수 있다. '직감에 의존하지 말라'는 것이다. 즉, 우리는 직감으로 인해 야기되기 쉬운 오류를 분간하기 위해, 혹은 직감이 파악하기 어려운 현상에까지 상상력이 도달하도록 하기 위해 공부를 해야 하는 것이다. 그리고 그것이 우리를 자유로 인도한다.

고등학생에게는 모든 것이 열려있다. 나는 그와 그녀들이 앞으로 새로운 세계를 발견해 주기를 기원하며 돗토리를 뒤로 했다.

제2장

당신은 '당신이 먹은 것' 이다
—소화=정보의 해체

뼈는 곧 당신이 섭취한 음식이다

You are what you ate.

'당신은 당신이 먹은 것이다.'

서양에는 이런 속담이 있다. 무엇을 먹었느냐, 즉 식환경이 우리 생물에게 커다란 영향을 미친다는 걸 의미하는 말이다. 옳은 지적인데, 그것이 문학적인 비유로서만 타당하다는 의미만은 아니다. 생물학적으로도 아주 정확한 표현이다.

우리의 몸은 비록 그 어떤 작은 부분이라도 그것을 구성하는 것은 음식물에서 유래된 원소다.

실제로 우리 몸을 조사해보면 우리가 무엇을 먹는지 알 수 있다. 목숨이 붙어있지 않는 상태라 해도 몸의 일부, 예를 들어 뼈가 남아 있다면 생전의 식생활을 짐작해볼 수 있는 것이다. 식환경의 흔적은 오랜 세월이 지나도 남아 있기 마련이다.

오키나와 중부에 노구니(野國) 패총이라는 유적이 있다. 여기서는 수많은 멧돼지의 뼈가 발견되었는데, 조사 결과 이 유적은 적어도 6천 년 이상 된 것임이 밝혀졌다.

현대의 오키나와는 아구(アグー)라는 흑돼지 고기 요리로 유명한데, 고대 류큐인들 역시 돼지의 조상이라 할 수 있는 멧돼지를 먹었던 것이다. 대체 그들은 어떤 방법으로 멧돼지를 손에 넣을 수 있었을까?

홋카이도대학의 미나미가와 마사오(南川雅男) 교수는 그 뼈를 분석해 보기로 했다. 그는 멧돼지들이 무엇을 먹었는지 뼈를 통해 알 수 있다고 주장했다.

그 결과, 아주 흥미로운 사실이 밝혀졌다. 이 멧돼지들은 야생 들풀이나 나무껍질이 아닌 사람들이 먹던 음식과 똑같은 것을 먹고 있었던 것이다. 즉, 고대 류큐인들은 야생 멧돼지를 사냥으로 얻은 게 아니라 이미 사육하고 있었음을 알 수 있다.

원리는 이렇다. 뼈의 주성분은 칼슘인데 거기에는 뼈와 뼈를 잇는 역할을 하는 콜라겐이라는 단백질도 존재한다. 수천 년이 흘러도 뼈의 내부에 봉인된 미량의 콜라겐은 소실되지 않고 건조된 채 남아있는 경우가 있다.

조심스럽게 뼈에서 콜라겐을 추출하고 거기에 함유된 탄소를 분석한다. 이렇게 하면 어디서 유래됐는지 그 원천을 알 수 있는 것이다. 멧돼지(혹은 우리 사람도 마찬가지지만)의 콜라겐에 함유된 탄소는 멧돼지가 먹은 탄수화물의 탄소로부터 온 것이기 때문이다.

자연계의 탄소는 그 무게를 나타내는 '질량수'의 수치가 대부분 12다. 하지만 상당히 드물기는 해도 질량수가 13인 탄소도 존재하는데 그들은 대기 중의 이산화탄소 안에 존재한다.

물론 우리는 질량수가 12인 탄소와 질량수가 13인 탄소의 차이점이 무엇인지, 너무 미묘한 탓에 숨을 들이쉬든 내쉬든 알 수가 없다.

그런데 식물의 정묘한 광합성에서는 이 차이가 드러난다. 식물은 태양에너지를 이용하여 이산화탄소로부터 탄수화물을 합성한다. 이 과정은 식물에 따라 다르다. 일반적인 초목(C3식물)은 특히 탄소를 좋아하지 않는다.

그런데 피나 좁쌀 같은 잡곡류, 옥수수 같은 곡물류(C4식물)는 질량수 13인 탄소를 선호하며 광합성을 한다. 그 결과, 이들 식물류의 탄수화물에는 일반 식물보다 높은 비율로 질량수 13인 탄소가 농축된다.

야생 식물을 주식으로 삼는 동물의 단백질은 야생식물의 탄소로 만들어진다. 농경으로 수확한 곡물류를 주식으로 하는 동물(사람)의 단백질은 곡물의 탄소로 만들어진다. 그 결과, 인간의 뼈 안에 있는 콜라겐에는 질량수 13인 탄소가 더 많이 함유되어 있다.

노구니 패총에서 발견된 멧돼지의 뼈에서도 질량수가 13인 탄소가 다량 검출되었다. 이는 이 멧돼지들이 사람과 같은 곡물을 먹고 있었음을 의미한다. 고대 중국에서는 화장실 아래에 우리를 만들어 멧돼지나 돼지를 키웠다고 한다. 물론 우리가 먹고 남은 음식물도 먹이로 줬을 것이다.

당시, 이렇게 사육된 돼지가 고대 류큐로 유입되었거나 그 사육 방법이 전해져 류큐인들은 그 방법으로 멧돼지를 사육했다. 그들은 수천 년 전부터 불고기의 맛을 알고 있었던 것이다.

같은 원소지만 무게가 약간 다른 것(이를 동위체 혹은 동위원소라 한다)을 이용하여 탄소뿐만 아니라 질소를 조사해볼 수도 있다.

질소에는 질량수 14인 질소와 질량수 15인 질소가 있다. 먹이사슬의 상위자, 즉 풀과 나무보다 육식, 같은 육식이라도 생선보다는 고기와 같은 식으로, 상위 포식자로 가면 갈수록 그 개체 안의 단백질이 함유한 질소 동위원소의 비율이 상승하는 것으로 알려져 있다.

즉, 유적지에서 나온 사람의 뼈를 조사해보면 그들이 채식을 했는지 혹은 육식을 했는지를 알 수 있다.

동시에 탄소의 동위체를 분석해보면 채식을 했더라도 산과 들에서 얻은 것을 먹었는지 아니면 곡물 창고에서 나온 것을 먹었는지도 알 수 있는 것이다.

미나미가와 교수팀은 이런 방법으로 예를 들면, 오호츠크 연해주의 유적지에서 당시 이 지역에 살던 사람들이 어류보다 주로 바다사자나 바다코끼리 같은 바다짐승의 고기를 즐겨 먹었다고 추리하고 있다.

화학의 힘을 빌려 인류사를 탐구하는 이른바 화학고고학은 고대인들의 식생활이 얼마나 풍성했는지 상상 이상으로 생생하게 밝혀주고 있는 것이다.

정보를 내포하고 있는 음식

사람은 짐승을 수렵하고 가축을 해체하여 고기를 얻는다. 새를 쏘고 물고기를 창으로 찌르며, 채식주의자를 표방하는 사람이라 해도 식물들이 오랜 시간을 들여 그들의 잎이나 뿌리, 혹은 뿌리에 저장한 단백질을 빼앗아 자기 입으로 가져간다.

우리가 음식으로 섭취하는 것은 고기든 곡물이든 과실이든, 모두 그 근원은 다른 생물의 몸의 일부였던 것이다. 왜 우리는 다른 생명을 빼앗으면서까지 단백질을 섭취해야 하는 걸까?

단백질에는 원래의 생명체를 구성하고 있던 당시의 정보가 꽉 들어차 있다. 여기서 말하는 정보란 구체적으로 말하면 단백질의 구조를 뜻한다. 이 단백질의 구조 정보가 생명의 기능을 지탱해준다.

단백질이란 아미노산의 결합으로 이루어진 고분자 화합물이다. 생체를 구성하는 아미노산은 20종이며 그 조합이 '정보'가 된다. 때문에 단백질은 수천만 종이 존재하는 것으로 알려져 있다.

그렇다면 단백질의 섭취, 즉 '소화' 란 대체 무엇을 의미하는 걸까? 고기나 식물에 함유되어 있는 단백질은 입 속에서 잘게 씹히고 부서져 소화관으로 보내지며 소화효소에 의해 분해된다. 자신의 구성요소인 아미노산으로 분해되는 것이다.

만약 다른 생물의 단백질이 그대로 우리 몸 안으로 들어온다면 어떻게 될까? 당연한 말이지만 다른 개체의 정보는 우리 자신의 정보와 충돌하여 서로 간섭함으로써 다양한 문제를 일으킨다. 에너지 반응이나 아토피, 혹은 염증이나 거부반응 등은 모두 그런 생체정보 간의 충돌이다.

그래서 생명체는 일단 자기 입 속으로 들어온 것을 곱게 분해함으로써 그 안에 내포된 다른 개체의 정보를 분해한다. 이것이 소화다.

소화라는 기능의 본질은 결코 음식물이 잘 내려가라고 음식을 잘게 부수는 것이 아니라, 정보를 해체하는 데 진정한 의미가 있다. 단백질은 소화효소에 의해 그 구성단위 즉, 아미노산으로까지 분해된 다음에 흡수된다.

단백질이 '문장' 이라면 아미노산은 문장을 구성하는 '알파벳' 에 해당한다. 'I LOVE YOU' 라는 문장은, 한 문자씩 I, L, O, V……로 분해되며 지금까지 갖고 있던 정보를 잠시 잃는다.

위의 내부는 '신체의 외부'

지금 여기에 사탕이 하나 있다. 이 사탕을 당신에게 주겠다. 그리고 당신은 이 사탕을 손가락으로 집어 입 속에 넣었다. 이 사탕은 당신의 몸속으로 들어갔을까?

사탕은 당신의 입 속에서 녹아 침과 함께 녹았다. 사탕이 녹은 액체는 식도를 통해 위로 흘러 들어갔다. 자, 이제 사탕은 당신의 몸속으로 들어갔을까?

아니다. 아직 사탕은 당신의 체내로 들어가지 않았다.

소화관의 내부는 일반적으로는 '체내'라고 하지만 생물학적으로는 체내가 아니다. 즉, 체외인 것이다.

인간의 소화관은 입, 식도, 위, 소장, 대장, 항문으로 연결되며 몸 안을 관통하고 있지만 공간적으로는 외부와 연결되어 있다. 이는 가운데가 뚫려 있는 어묵의 구멍 같은 것, 즉 몸의 중심을 뚫고 지나는 중공관(中空管)이다.

그러므로 우리가 먹은 것은 입으로 들어가 위나 장에 도달하지만 그 시점에서는 아직 진정한 의미에서 봤을 때는 체내로 흡수된 것이 아니라 아직 우리 몸의 '외부'에 있는 것이다.

그렇다면 언제부터 음식물은 '체내로 흡수됐다'고 할 수 있을까? 이는 소화관 내에서 소화가 되어 저분자화 된 영양소가 소화관 벽을 투과하여 체내 혈액으로 들어간 시점이다. 이때 비로소 음식물은 몸의 '내부', 즉 어묵의 몸속으로 들어간 게 된다.

다른 생물의 몸인 음식물, 즉 단백질을 그대로 몸 안으로 집어넣으면 다른 개체의 정보가 우리 몸의 정보와 충돌하여 상호 간섭하고 문제를 일으키므로 정보를 한 문자(아미노산)

단위로까지 해체한다. 이것이 소화다.

그러므로 소화되지 않은 음식물은 위 안에 있어도 아직 '체외'에 있는 것이나 마찬가지다. 즉, 위의 내부는 '체외'인 것이다.

이는 수정란이 세포분열을 거듭하여 배아가 되고, 태아로 성장하는 과정을 관찰해보면 쉽게 이해할 수 있다. 여러 개의 세포로 이루어진 덩어리인 배아는 점차 속이 빈 공 모양으로 변해간다. 그리고 공의 표피가 함입되면서 반대편에 달한다. 그리고 표피와 표피가 융합하며 구멍을 만든다. 그러면 공 안에 터널 모양의 관이 관통한 듯한 모양이 된다. 그 관 내부가 소화관의 내부가 된다.

단순하게 말하면 사람의 몸은 속이 빈 어묵 같은 중공관에 불과하며 그 밖의 구멍은 어묵 표면에 송송 뚫려 있는 구멍이라 할 수 있다.

이 형상을 잘 생각해 보면 자궁 역시 신체의 외부임을 알 수 있다. 자궁은 피부의 일부가 안으로 함입되어 만들어진 주머니다. 그 주머니에 씨가 뿌려지고 주머니 안쪽 깊은 곳에 잘 보관되어 있던 또 다른 씨앗과 융합하여 수정란이 생긴다.

수정란이 발생하여 배아가 되고 아기로 성장하는 동안, 그 안은 외적 환경으로부터 보호받고는 있지만 엄밀한 의미에서의 신체 내부는 아니며 굳이 말하자면 주머니 같은 장소라 할 수 있다.

이런 생각을 하는 사람은 그다지 많지 않겠지만 사실 사람

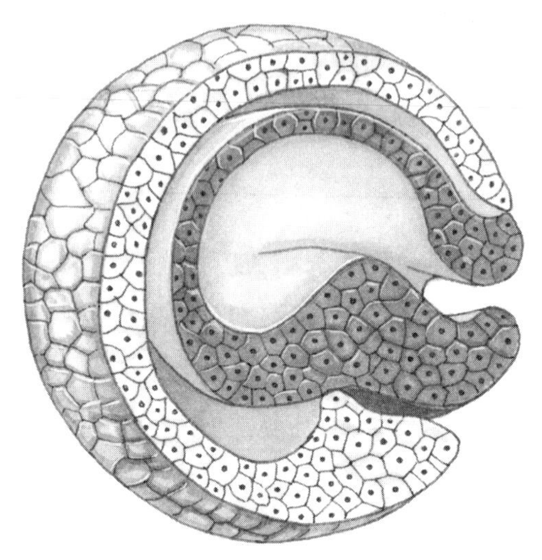

일러스트로 그려본 배아의 단면.
표면의 세포층이 내부로 들어가 반대편에 달하면 튜브 모양이 된다.

몸에 뚫려 있는 구멍은 모두 일종의 막다른 골목일 뿐 진짜 내부는 아니다. 귓구멍도 그렇고 요도도 그렇다. 땀샘이나 눈물샘처럼 체액이 나오는 구멍도 주변의 벽으로부터 그 구멍으로 액체가 스며 나오는 것일 뿐 그 구멍의 바닥은 막혀 있다.

그러므로 우리는 '(배)속이 아프다'고 말할 때의 '(배)속'이 우리 몸 안이라 생각하지만 생물학적으로 볼 때는 그렇지 않다.

'(배)속에 아기가 있다'고 말할 때의 '속'도 엄마의 모체가 아니며 소화관 내부도, 자궁 내부도 사실은 몸을 기준으로 생각했을 때는 외부인 것이다.

인간은 생각하는 관이다

우리의 옛날 옛적 먼 조상은 지금의 지렁이나 민달팽이 같
은 존재였다. 그들의 모습을 보면 우리의 본질을 알 수 있다.
그들은 그야말로 하나의 관으로 되어 있었다. 입과 항문이 있
으며 그 사이를 통과하는 하나의 구멍이 있다.

지렁이에게도 눈의 원형으로 추측되는 희미한 뭔가가 있
고, 앞으로 나가는 방향이 있으며, 흙을 먹는 부분이 있기 때
문에 겨우 어디가 입이고 어디가 항문인지 판별할 수 있을 뿐
이다. 뇌라 부를 만한 중추적인 장소는 어디라고 딱히 꼬집어
말할 수가 없다. 오히려 신경세포는 소화관을 따라 그것을 감
싸듯이 복잡한 네트워크를 형성하며 분포한다.

그들은 인간의 소화관과 마찬가지로 치밀한 연동운동을 하
면서 먹이를 소화, 흡수하고, 다양한 반응을 보이면서 환경에
적응해 생존하고 있다.

지렁이에는 뇌가 없다고 한다. 하지만 의외일 때도 있다.
어떤 때는 잎의 어느 부분을 물어야 자기 굴로 운반하기가 좋
을지를 망설이면서 '생각' 하는 일도 있는 것이다.

이런 생명 활동은 소화관을 따라 분포하는 신경 네트워크
에 의해 조절된다. 만약 그들에게 '너희들의 마음은 어디에
있니?' 라고 물을 수 있고 그 대답을 우리가 어떤 방법으로 감

지할 수 있다면 그들은 분명 그들의 소화관을 가리킬 것이다.

뛰어난 '뇌', 즉 중추신경계를 갖는 우리에게도 소화관을 따라 존재하는 치밀한 말초신경계가 있다.

그리고 뇌에서 정보 전달에 관여하는 신경 펩티드라 불리는 호르몬과 거의 비슷한 물질이 소화관의 신경세포에서도 사용된다는 사실이 판명되었다. 이 신경 펩티드가 도대체 왜 이렇게나 다양하게, 대량으로 소화관 부근에 존재하는가, 그리고 그것이 매일 도대체 무엇을 관장하는가는 아직 확실히 밝혀진 바가 없다.

육감을 영어로는 'gut(=소화관) feeling' 이라고 한다. 혹은 의지력을 'guts' 라고 부르기도 한다.

우리는 오로지 자신의 사유(思惟)는 뇌에 있으며 뇌가 모든 것을 조절하고 뇌는 모든 실제 감각과 가상의 환상을 만들어 낸다고 생각하지만 그건 실증된 것이 아니다.

소화관 신경회로망을 리틀 브레인이라 부르는 연구자도 있다. 게다가 그것은 뇌에 비해 절대 작지 않은 대규모 시스템인 것이다. 우리는 어쩌면 소화관으로 느끼고 사고하고 있는지도 모른다.

우리는 과거의 다윈이 그랬던 것처럼 조용히 지렁이의 모습을 관찰해봐야 하는지도 모르겠다. 그리고 좀 더 겸허해져야 할 것이다. 비록 진화의 역사가 앞으로 수억 년을 흐른다 해도 우리는 속이 텅 빈 관에 불과할 것이기 때문에.

생명활동이란 아미노산 배열의 헤쳐 모여

소화관은 우리의 피부가 안으로 함몰된 속이 빈 구조체이며 마치 가운데 구멍이 뚫린 어묵과도 같다. 소화관 벽은 일종의 담이며, 소화관 벽을 구성하는 세포는 서로 밀착하여 단백질이 통째로 그곳을 통과할 수 없도록 한다. 즉, 다른 개체의 정보를 보유한 단백질은 신체의 '외부'에만 머무를 수 있다.

그래서 단백질은 아미노산 단위까지 분해되고 아미노산만이 특별한 수송기구에 의해 소화관 벽을 통과해 비로소 '체내'로 들어간다.

체내로 들어간 아미노산은 혈류를 타고 온 몸의 세포로 운반된다. 그리고 세포로 흡수되어 새로운 단백질로 재합성되며 새로운 정보=의미를 만들어낸다. 즉, 생명활동이란 아미노산이라는 알파벳에 의해 끊임없이 되풀이되는 애너그램(=철자 바꾸기)이라고도 할 수 있을 것이다.

새로운 단백질이 합성되는 한편, 세포는 자신의 단백질을 항상 분해하여 버린다. 그런데 어째서 합성과 분해를 동시에 하는 걸까? 이 물음은 어떤 의미에서는 우문이기도 하다. 왜냐하면 합성과 분해의 동적인 평형 상태가 '살아 있다는 것'이며 생명이란 그 균형 위에 성립되는 '효과'이기 때문이다.

생명은 합성과 분해의 평형상태를 유지해야만, 환경에 적응할 수 있도록 자신의 상태를 조절할 수 있다. 이것이야말로 '살아 있다'는 말과 동의어라 할 수 있다.

지속 가능성(sustainable)이란 항상 동적인 상태를 말한다. 언뜻 생각하기에는 견고하고 단단할 것만 같은 거석문화는 오랜 비바람 속에서 결국 폐허가 되지만 반복적으로 개조·보수할 수 있는 유연한 건축물은 영속적인 도시를 만든다.

때문에 우리는 매일 음식물을 섭취해야 한다. 음식이란 에너지원이라기보다는 오히려 정보원에 가까운 것이다. 하지만 앞서 말했듯 'I LOVE YOU' 라는 사랑의 말을 그대로 받아들이는 일은 결코 없다.

그리고 애너그램이라는 비유도 사실 정확한 것은 아니다. 분해된 아미노산은 그 상태로 순열만 바뀌는 게 아니라 갈기갈기 흩어져 다른 개체로부터 온 아미노산과 이합집산을 거듭하면서 전혀 다른 단백질을 구성하기 때문이다.

그러므로 몸 안의 특정 단백질을 보충하기 위해 외부의 특정 단백질을 섭취하는 것은 전혀 무의미한 행위다.

콜라겐 첨가 식품의 허상

'몸상태가 좋지 않은 것은 뭔가가 부족하기 때문이다. 그러므로 그것을 보충해야 한다.' 우리는 종종 이런 견핍 강박관념에 사로잡히기 쉽다.

요즘 광고에 많이 등장하는 것 중에 콜라겐이라는 것이 있다. 콜라겐이 첨가된 식품 가운데는 친절하게도 '빠른 흡수를 위해' 일부러 잘게 쪼개놓은 '저분자화' 콜라겐이라는 것까지 있다.

콜라겐은 세포와 세포의 틈을 채워주는 쿠션 같은 역할을 하는 중요한 단백질이다. 피부의 탄력은 콜라겐이 좌우한다고 해도 과언이 아닐 정도다.

그렇다면 콜라겐을 음식물로서 다량 섭취하면 손상되기 쉬운 피부 탄력을 원래대로 돌려놓을 수 있을까? 나는 '아니다'라고 분명히 말할 수 있다.

식품으로 섭취된 콜라겐은 소화관 내에서 소화효소의 작용으로 인해 알갱이처럼 쪼개진 아미노산의 형태로 흡수된다. 콜라겐은 그다지 효율적으로 소화되는 단백질이 아니다. 소화되지 못한 부분은 그대로 밖으로 배출되고 만다.

한편, 흡수된 아미노산은 혈액을 타고 온몸으로 흩어진다. 그리고 새로운 단백질의 합성 재료가 된다. 하지만 콜라겐에서 유래된 아미노산이 반드시 체내 콜라겐의 원료가 되는 것은 아니다. 아니, 오히려 대부분은 콜라겐화 되지 못한다.

왜냐하면 콜라겐을 구성하는 아미노산은 글리신, 프롤린, 알라닌과 같은 어디에서나 볼 수 있는 흔하디흔한 아미노산이며 온갖 식품 단백질로부터 얻을 수 있다. 또한 다른 아미노산을 만들면서 체내에서도 합성할 수 있는, 즉 비필수아미노산이다.

만약 피부가 콜라겐을 만들고 싶을 때는 피부 세포가 혈액 중의 아미노산을 흡수하여 필요량을 합성할 뿐이다. 콜라겐, 혹은 저분자화한 식품을 아무리 먹어도 그것이 체내의 콜라겐을 보충해주지는 못하는 것이다.

음식으로 섭취한 단백질이 몸 어딘가로 전해져 거기서 부족한 단백질을 보충한다는 생각은 참으로 초보자적인 생명관이다.

이는 생명을 작은 부품으로 이루어진 조립식 장난감처럼 생각하는, 어떤 의미에서 본다면 순진하기 그지없는 기계론이기도 하다. 생명은 그런 단순한 기계론을 훌쩍 뛰어넘는 이른바 동적인 효과로서 존재하는 것이다.

이와 같은 구조의 '건강 환상'은 사실 곳곳에 존재한다. 단백질뿐만 아니라 음식물 속에 들어있는 정보는 소화관 내에서 일단 철저하게 분해된다.

관절이 아프다고 해서 연골의 주성분인 콘드로이틴유산이나 히알루론산을 섭취한다 한들 입으로 들어간 것이 그대로 직접 몸의 일부가 될 수는 없다. 구성단위로까지 분해되거나 자칫하면 소화도 되지 못하고 배설되고 마는 것이다.

참고로 한마디만 더 하자면, 항간에는 '콜라겐 배합' 화장품까지 범람하고 있는데 콜라겐이 피부를 통해 흡수되는 일은 불가능하다. 분자생물학자 입장에서 나는 '콜라겐 배합'이라는 말이 선뜻 이해가 되지 않는다.

만약 콜라겐이 배합된 화장품을 이용한 후 피부가 팽팽해졌다면 그것은 콜라겐의 효과가 아니라 그저 피부의 주름진 곳이 히알루론산이나 요소(尿素), 글리세린 등의 보습제로 채워졌기 때문이라고 보면 된다.

그런데 우리가 이런 건강에 대한 환상에 끌리는 원인은 뭘까? 거기에는 '몸상태가 이상한 것은 뭔가 중요한 요소가 부족하기 때문' 이라는 부족·결핍에 대한 강박관념이 있기 때문이라고 본다.

그리고 우리의 생명관은 생명을 작은 부품들로 이루어진 기계장치로 보는 발상에 의해 뿌리 깊게 지배당하고 있음을 엿볼 수 있다.

건강을 강박관념으로부터 해방시키고 자연스러운 생활로 돌아가기 위해서는 그동안 우리의 사고를 경직시켜온 생명관과 자연관의 패러다임을 전환시킬 필요가 있다.

'머리가 좋아지는' 식품?

1965년 전후에 화학조미료이기도 한 글루탐산소다(MSG, monosodium glutamate)를 먹으면 '머리가 좋아진다' 는 소문이 돌던 시기가 있었다. 이 얘기를 아는 사람은 아마 나와 같은 세대이거나 윗연배일 것이다. 그런데 왜 이런 얘기가 떠돌았던 것일까?

글루탐산은 물론 뇌 안에서 중요한 작용을 한다. 하지만 그렇다고 해서 많이 섭취하면 머리가 좋아진다, 즉 뇌가 활성화된다고 믿는 것은 너무나 단편적인 생각이라고 할 수밖에 없다.

사람의 뇌는 약 140억 개의 신경 세포로 이루어져 있다. 신경 세포는 뉴런이라고도 불리며 뉴런은 상호 연결되어 큰 회로를 형성하고 있다. 그리고 전류가 이 회로를 따라 흐름으로써 뇌가 움직이는 것이다.

신경 세포의 수는 특수한 예를 제외하고는 평생 증가하지 않지만 회로의 연결 방식은 무한정 바꿀 수 있다. 반복적인 연습을 통해 피아노로 어려운 곡을 연주할 수 있게 되거나 복잡한 기계체조를 할 수 있게 되는 것은 뇌 안에 새로운 회로의 패턴이 형성되기 때문이다.

음악이나 체육, 모두 소질이 없다면? 걱정할 필요 없다. 예를 들어 장아찌를 보고 군침이 고이는 것도 새로운 신경회로가 형성됐다는 증거이기 때문이다.

새로운 신경회로가 형성된다는 말은 구체적으로 설명하면 신경과 신경이 축수를 뻗어 접점이 생기고, 거기에 반복적으로 전류가 흘러 자극이 강화됨으로써 그 접점이 보다 견고해지는 것을 말한다. 이 접점을 시냅스라고 한다.

마이크로적인 차원으로 보면 시냅스는 뉴런과 뉴런이 완전히 붙어있는 상태가 아니라 사이에 아주 작은 틈이 벌어져 있음을 알 수 있다. 한쪽 뉴런에 전기가 통하면 그 신호는 다른 한쪽의 뉴런으로 전달되는데 틈 때문에 전류가 직접 흐르지는 못한다.

틈새 부분에서는 한쪽 뉴런에서 방출된 화학물질이 다른 뉴런으로 전해짐으로써 신호가 전달된다. 그것이 다시 전기 신호로 변환되어 뉴런을 따라 흘러간다.

전기—화학물질—전기. 왜 뇌가 전기라는 귀찮을 것 같은 방법을 채택했는가는 수수께끼로 남아있지만, 중간에서 화학물질을 주고받음으로 인해 다양한 조절, 즉 브레이크나 가속 페달을 쉽게 밟을 수 있을 거라 추측해 볼 수 있다.

전기 신호는 한번 발생하면 속도를 늦추거나 빠르게 하기는 어렵지만 화학물질로 주고받는다면 비교적 쉽게 속도 조절이 가능하다. 왜냐하면 별도의 물질, 즉 방해물질이나 촉진물질만 있으면 되기 때문이다.

실제로 뇌내에는 뉴런과 뉴런 사이의 연락을 담당하는 다양한 화학물질이 존재한다는 사실이 밝혀졌다. 그 중 하나가 글루탐산이다. 글루탐산은 뉴런 사이에서 플러스 신호, 즉 뉴런을 흥분시키는 데 도움이 된다.

그러므로 글루탐산소다를 먹으면 '머리가 좋아진다' 는 말이 생긴 것이다. 물론 얘기는 그렇게 간단하지 않다. 신경전달물질을 많이 섭취하면 그만큼 뉴런이 활성화되어 신경 사이의 전달 효과가 좋아지느냐 하면, 말같이 그리 쉽지는 않다.

원래 글루탐산은 어떤 식품에든 가장 많이 함유되어 있는 아미노산이며 사람은 이를 자신의 체내에서 다른 재료를 가지고 합성할 수도 있기(비필수아미노산) 때문에 부족한 경우는 없다.

또한 섭취된 글루탐산이 그대로 뇌로 들어가는 일도 없다. 섭취한 음식물이 뇌로 직접 들어가지 않도록 관문이 있는 것이다. 그러므로 글루탐산을 다량으로 섭취했다고 해서 그로 인해 신경활동이 활발해지지는 않는다.

원래 신경 전달에 관여하는 글루탐산은 극히 미량이며 그 양은 식사 여하에 관계없이 뇌 안에서 엄격하게 제어되고 있다.

중국집 증후군

지금도 일반적으로 판매, 사용되고 있는 화학조미료의 주성분은 글루탐산소다다. 음식에 이 조미료가 들어가면 분명 우리는 맛있다고 느낀다. 채소 절임에도 넣고 된장국에도 넣는 이 조미료는 주방의 필수품이 되었는지도 모른다.

이는 다시마 국물의 화학적 주체가 글루탐산소다인 데서 유래한다. 일본인들은 천연의 순순한 국물 맛을 가장 중요하게 여기므로 이 맛을 손쉽게 간단히 만들어낼 수 있다면 아마 그 유혹을 쉽게 뿌리치기 어려울 것이다.

이렇게 말하고 있는 본인 역시 글루탐산소다의 노예다. 외국 여행 중에 현지 음식이 식상해지면 중국집을 찾고는 한다.

왜냐하면 전 세계 어느 작은 마을이라도 중국집은 있기 마련이며 대체로 맛있게 먹을 수 있기 때문인데, 그 이유를 생각해 보면 글루탐산소다로 귀결된다.

나뿐만 아니라 누구든 동네 작은 중국집에서 카운터 너머로 주방을 들여다본 경험이 있을 것이다. 그곳에는 깨끗하다고는 할 수 없는 흰 가운을 입은 주방장이 커다란 국자를 손에 쥐고 있다. 그리고 그 국자가 커다란 통 안으로 쏙 들어갔다가 상당한 양의 하얀 가루를 퍼 올리며 나오는 광경을 목격한 적이 있을 것이다.

그 커다란 통 속의 하얀 가루가 바로 화학조미료, 즉 글루탐산소다다. 이 조미료는 일본에서 개발되었지만 이걸 넣으면 음식이 맛있어진다는 소문이 전 세계 중국집 주방장 사이에 퍼졌는지 어느 나라 중국요리든 다 '맛'이 있어졌다.

그런데 언제부터인가 미국의 중국집에서는 'NO MSG'라는 간판이 눈에 띄기 시작했다. MSG란 monosodium glutamate, 즉 글루탐산소다 화학조미료를 뜻한다. 'NO MSG'이므로 '우리 가게에서는 MSG를 사용하지 않습니다'라는 표시인 셈이다.

이런 현상은 미국에서 '중국집 증후군'이라는 증상이 문제가 된 후 이를 두려워하는 사람들이 증가하면서 두드러지기 시작했다.

일반적으로 증상은 중국 요리를 먹은 후의 권태감, 위장의 불쾌감, 체온 상승, 두통 등이며 그 원인은 글루탐산소다의 다량 섭취에 의한 중독 증상이라는 설이 있다.

의학적으로 임상 데이터에 기초해 검증된 것은 아니지만 많은 사람이 실제로 느끼는 문제이기 때문에 중국집이 'NO MSG'라는 간판을 걸게 된 것이다.

우리가 글루탐산소다를 맛있다고 느끼는 것은 우리가 진화의 과정에서 획득한, 단백질이 함유된 식품을 찾는 능력 때문이라 생각해 볼 수 있다. 보통의 단백질에 가장 많이 함유된 아미노산이 바로 글루탐산인 것이다.

실제로 혀에는 단맛, 매운맛, 신맛, 짠맛, 쓴맛의 다섯 가지 맛에 대응하는 미각 수용체가 존재하며 그 분자적 실태도 밝혀졌다. 그리고 최근에는 글루탐산소다를 감지하는 '맛있는 맛' 수용체가 존재한다는 사실도 입증되었다.

하지만 포식의 시대인 현재, 그 능력은 거꾸로 우리를 궁극의 맛을 찾아 헤매게 하는 미식가의 노예로 변신시켰다고도 할 수 있다.

콜라겐을 섭취한다 해서 피부가 아름다워지는 것도 아니고, 글루탐산소다를 먹는다 해서 머리가 좋아지는 것도 아니다. 그렇다면 뭘 먹든 마찬가지일까? 그건 또 아니다. 역시 장어를 먹고 나면 '기운이 솟는다' 고 말하는 사람이 있기 마련이다. 그렇다면 이는 어떻게 된 일일까?

아미노산에는 20종류가 있는데 사람에게는 그 중 9종이 필수아미노산이고 11종이 비필수아미노산이다. 필수아미노산이란 동물 체내에서 저절로 만들어지지 않는 것, 비필수아미노산은 체내에서 제조가 가능한 것이다. 콜라겐은 비필수아미노산이므로 우리 몸에서 제조가 가능하다.

필수아미노산은 종에 따라 다르다. 즉 사람과 쥐의 필수아미노산은 다르다. 그리고 각각의 동물은 필수아미노산을 음식물의 형태로 외부로부터 섭취함으로써 생명을 유지시켜 나간다.

따라서 우리에게 '몸에 좋은' 음식은 필수아미노산이 골고루 함유된 식품이라 할 수 있다. 우리와 가장 친근한 필수아미노산 식품으로는 계란이 있다. 생선의 경우, 통째로 먹는 게 좋다고 하는 이유는 전체적으로 균형이 맞기 때문이다.

이에 반해 중요한 필수아미노산이 거의 함유되어 있지 않은 식품도 있다. 대표적인 것이 옥수수인데 옥수수에는 트립토판이라는 필수아미노산이 거의 들어있지 않다. 영양적 측면에서 말하자면 옥수수는 그다지 좋은 식품이 아닌 것이다.

In & Out

우리는 하루에 60그램의 단백질을 섭취해야 하는 한편, 대변으로 배출되는 단백질은 10그램 정도다. 이 데이터만 놓고 보면 사람은 그 나머지 50그램 즉, 음식으로 섭취한 단백질 중 약 80퍼센트($50/60 \times 100$)를 소화관에서 흡수하는 것처럼 보인다. 그런데 과연 이렇게 결론지어도 괜찮을까.

전혀 괜찮지 않다. 그렇다면 섭취하는 게 60그램, 분비되는 게 10그램이면 흡수량은 60에서 10을 뺀 50그램이라는 생각이 잘못됐다는 말인가? 그렇다. 잘못됐다.

우리는 생명현상을 너무나도 단순한 '메커니즘'으로 바라보려는 경향이 있다. 이러한 허점을 생화학자인 루돌프 쇤하이머는 '페니와 껌(penny gum)' 사고라 부르며 비판했다.

자동판매기에 페니 주화를 넣으면 껌이 나온다. 그렇다면 동전이 껌으로 변했다고 말할 수 있을까. 참고로 말하자면 쇤하이머가 이렇게 말한 것은 1930년대였으며 미국에는 그때 이미 껌이 나오는 자동판매기가 있었다.

동전이 껌으로 변하지 않듯이 섭취한 단백질 60그램 중 50그램이 소화 흡수되고 나머지 10그램이 배출됐다고 할 수는 없는 것이다.

췌장은 사람의 장기 중 단백질 합성이 가장 활발하게 이루어지는 곳이다. 그러나 작고 소리 없는 장기인 췌장은 자신의 역할에 대해 잘난 척하지 않는다.

단백질 합성이 활발하게 이루어지는 기관으로는 수유기 여성의 가슴이 있다. 수유기 여성은 매일같이 많은 양의 우유 단백질을 만들어낸다. 이 때문에 여성은 출산 후 아무리 먹어도 좀처럼 체중이 늘지 않는다.

사실 췌장은 수유기 여성의 가슴 이상으로 많은 단백질을 합성하고 있다. 췌장은 과연 무엇을 만들고 있을까.

그것은 바로 '소화효소' 다. 트립신, 아밀라아제, 리파아제라는 말을 들어본 적이 있는지. 이들은 모두 췌장에서 결합하는 소화효소이며 이 소화효소는 단백질로 이루어져 있다.

췌장 내부를 둘러싸고 있는 미세한 분비샘에서 나온 소화효소액은 두꺼운 관으로 모이고, 이 소화효소액이 모인 관은 위장 바로 밑에 있는 십이지장 부근과 연결되어 소화관 안쪽에서 영양소를 기다린다.

우리가 음식을 먹으면 이곳에서 소화효소액이 흘러나온다. 그런데 그 양이 상당하다. 소화효소는 하루에 60~70그램 정도 분비되는데, 이는 음식물로 섭취한 단백질과 거의 같거나 아니면 그 이상의 양이 췌장에서 소화관 안으로 흘러 들어간 다는 말이 된다.

이 대량의 소화효소가 일제히 음식에서 얻은 단백질을 공격해 엎치락뒤치락하며 단백질의 기본 구성단위인 아미노산으로 분해한다. 이정도로 대규모 소화활동을 하지 않으면 우리가 매일 먹는 동물성 또는 식물성 단백질을 영양소로 바꿀 수 없다는 이야기다.

소화관 안에는 음식으로 섭취한 단백질과 이를 분해하려는 소화효소가 거의 같은 양으로, 정신없이 뒤섞여 카오스 상태로 존재한다. 그리고 소화효소 또한 단백질이므로 최종적으로 소화효소는 자기 자신도 분해한다. 이들은 아미노산이 되어 다시 소화샘으로 흡수된다.

일단 소화관 속에서 아미노산 단위로까지 분해되면 이것이 원래 음식에서 얻은 단백질이었는지 소화효소였는지 분간할 수 없게 된다. 우리는 음식과 함께 우리 자신도 흡수하고 있는 셈이다.

대변으로 배출되는 10그램의 단백질은 이 과정에서 나오는 결과다. 음식에서 얻은 60그램의 단백질과 70그램의 소화효소가 장렬히 대결을 펼치다 나온 찌꺼기인 것이다.

'페니와 껌' 처럼 단순히 위로 들어가면 밑으로 나온다는 선형적인 사고로는 생명의 진정성을 전혀 느낄 수 없다.

이는 소화관 안에서 발생하는 일에만 국한되지는 않는다.

세계 곳곳에는 쉽게 눈에 띄지 않는 프로세스가 존재하고 그곳은 정신없는 상태, 언뜻 보기에는 카오스 상태처럼 보이지만 실은 복잡한 동적평형으로 이루어진 진정성이 만들어지고 있다.

지금 우리에게는 다시 한 번 이를 직시할 수 있는 용기와 밀도 있게 관찰할 수 있는 사고의 해상력이 필요하다.

제3장

다이어트의 과학
─ 분자생물학이 말하는 '살찌지 않게 먹는 법'

폭식과 조금씩 자주 먹기

이 책을 읽는 독자 중에는 다이어트에 관심 있는 사람도 많을 것이다. 요즘에는 다이어트 방법도 참 많은 것 같다. 과학적으로 봤을 때 어느 정도 일리가 있는 것에서부터 전혀 과학적이지 못한 것까지 수도 없이 많은 다이어트 비법들. 이런 것들이 상품으로서 통용되고 있으니 우리가 사는 세상이란 참으로 묘한 곳이다.

사람에게는 살아가는 데 꼭 필요한 에너지라는 게 있다. 이 에너지란 심장과 폐를 움직이게 하고 체온을 유지시키며 기본적인 대사를 원활하게 해주기 위한 열량을 말하는데, 이를 기초대사량이라 부른다. 성인 기준 1일당 약 2천 킬로칼로리. 이 범위의 열량이라면 아무리 먹어도 모두 연소되어 에너지로 소비가 되기 때문에 체중은 늘지 않는다.

문제는 기초대사량 이상의 에너지를 섭취한 경우다. 사람의 선조가 이 지구상에 출현한 이후 약 700만 년이 지났으나 사실 인간은 그 대부분의 시간을 기아 상태로 지냈다.

힘들게 먹을 것을 발견했다 해도 다음에 언제 필요량의 에너지원을 얻게 될지는 알 수 없었다. 그런 상황이 약 700만 년이나 지속된 것이다.

그러므로 사람의 몸이 이에 대응하는 것은 당연한 일이다. 운 좋게 기초대사량 이상의 에너지를 섭취한 경우에는 그것을 가능한 한 많이 섭취하고 저축하도록 몸의 시스템을 정비해온 것이다.

그런데 지난 수십 년 사이, 인류의 일부를 둘러싼 식량 사정은 완전히 역전되었다. 경제발전을 이룬 나라들은 모두 포식의 시대를 맞게 된 것이다.

하지만 사람의 유전자나 대사 메커니즘을 포식에 맞게 바꾸기에 수십 년이란 시간은 턱없이 짧다. 우리의 몸은 기본적으로는 기아 시대를 살았던 그 몸과 동일한 것이다.

가뭄에 대비해 많은 저수지와 저수조를 만들고 나니 그 뒤로 연일 비가 내리는 것과 마찬가지다. 사람의 유전자나 대사 메커니즘이 오늘날과 같은 포식의 시대를 만나리라고는 정말 예상치 못했던 것이다.

우리의 몸은 기초대사에 필요한 이상의 에너지는 소중하게 저장해두게 되어 있다. 그것이 바로 여러분의 배 주변에 붙어 있는 지방 벨트다.

요즘은 이것을 어떻게든 없애기 위한 다이어트가 유행인데, 이제부터는 지방 저장의 메커니즘을 통해 다이어트에 대해 생각해 보도록 하자.

일단, 같은 잉여 칼로리라 하더라도 한 번에 모두 먹는 것과 조금씩 나눠먹는 경우 어느 쪽이 더 쉽게 살이 찔까?

예를 들어 1천 킬로칼로리를 한 번에 먹었을 때 체지방이 100그램 생긴다고 가정해 보자. 한편, 1천 킬로칼로리를 한 번에 섭취하는 게 아니라 10회로 나눠서 100킬로칼로리씩 섭취하면 어떻게 될까?

1천 킬로칼로리를 섭취했을 때는 100그램의 지방이 생긴다. 그렇다면 100킬로칼로리를 섭취했을 때는 10분에 1이므로 10그램. 이를 10회에 나눠서 먹으면 10그램×10이므로 결국 100그램의 지방이 생긴다—.

그러니 한 번에 먹든 조금씩 나눠 먹든 결국 마찬가지 아니겠냐고 생각하는 사람도 적지 않을 것이다. 하지만 실제 생명 현상은 그렇지 않다. 살찌는 것을 원치 않는다면 반드시 조금씩 여러 번에 나눠먹어야 한다.

자연계는 시그모이드 곡선

우리는 보통 인풋(input, 입력)과 아웃풋(output, 출력)이 비례 관계에 있는 현상에 익숙하다. 아니, 그렇다기보다 뇌는 비례

관계 이외의 관계를 잘 이해하지 못한다.

섭취한 칼로리는 인풋, 체중 증가는 아웃풋. 인풋과 아웃풋의 관계가 단순한 비례관계, 즉 우향 상승 곡선이라는 것은 우리의 단순한 환상에 지나지 않는다. 혹은 자연계를 과도하게 단순화한 것이라 할 수 있을 것이다.

생명현상을 포함한 자연계 시스템은 대부분 비례관계=선형성(線型性)이 아니다. 비선형성인 것이다. 자연계의 인풋과 아웃풋의 관계는 대부분 S자를 좌우로 늘여놓은 것 같은 시그모이드 곡선이라는 비선형성을 취한다.

비선형성은 음악을 들을 때 볼륨 다이얼을 돌리는 것(인풋)과 나오는 소리(아웃풋)의 관계를 생각해 보면 쉽게 이해할 수 있다.

볼륨 다이얼을 계속 오른쪽으로 돌리면 소리는 더 커져야 하는데 소리는 그만큼 크게 들리지 않는다. 즉, 처음에는 인풋에 대한 아웃풋의 응답성이 둔하다.

그런데 볼륨 다이얼이 어느 위치를 지나면 갑자기 천둥소리처럼 커진다. 하지만 볼륨 다이얼을 극도로 많이 돌린 위치에서는 더 이상 다이얼을 돌려도 큰 소리는 큰 소리로밖에 들리지 않고 다이얼을 더 돌린 만큼 더 크게 들리지는 않는다.

시그모이드 곡선에서 인풋과 아웃풋의 관계는 '둔감—민감—둔감'으로 변한다.

잉여 칼로리(인풋)와 체중 증가(아웃풋)도 생명현상으로서 비선형의 관계에 있다. 1천 킬로칼로리를 한 번에 먹으면 100그램의 체지방이 생긴다. 이건 그렇다 치자. 하지만 그 10분의 1인 100킬로칼로리를 섭취했다고 해서 금방 10그램의 체지방이 붙는 건 아니다.

인풋이 작은 영역에서는 아웃풋이 약하기 때문에 체지방은 아마 2그램 정도밖에 되지 않을 것이다. 그러므로 이렇게 10번을 먹는다 해도 체중은 20그램만 증가한다.

자연계의 현상이라는 것은 사실 이런 식으로 선형적이지 않은 인풋과 아웃풋의 관계에 있다. 그럼에도 불구하고 우리 인간은 자연계의 인과관계를 단순화시켜 이해하려 한다. 입력이 늘어나면 그에 따라 출력도 늘어난다, 그리고 그 증가 방법은 항상 일정하다고 말이다.

이것은 사람이 자연을 마주볼 때 눈을 흐리게 하는 원인이 되기도 한다.

살찌지 않게 먹는 법

여기 딸기 쇼트케이크가 있다고 해보자. 무게는 대략 200그램 정도인 것 같다. 자, 문제를 내겠다. 이 케이크를 다 먹으면 당신의 체중은 얼마나 늘어날까?

답은 간단하다. 200그램이다. 하지만 이것은 '케이크를 먹은 직후에 체중은 얼마나 늘어날까?' 라는 질문에 대한 답일 것이다.

당신의 원래 체중 더하기 케이크의 무게. 질량보존의 법칙에 따라 당연히 그렇게 된다. 하지만 더 정확히 말하면 케이크의 무게 200그램이 온전히 ‘체중화’ 되는 것은 아니다.

케이크의 성분 가운데 대부분은 수분이다. 나머지는 밀가루의 주성분인 탄수화물, 밀가루에 함유된 단백질, 그리고 크림의 주성분인 지방으로 이루어져 있다.

이 가운데 수분은 살이 되지 않는다. 물론 수분을 섭취한 직후에는 마신 만큼 체중이 늘지만 마신 물은 신속하게 체내의 수분과 균형이 맞추어지고 여분은 소변이나 땀, 혹은 호흡의 형태로 배출된다. 물은 에너지원이 아니므로 다이어트의 적이 되지는 않는 것이다.

그렇다면 나머지 성분은 어떨까? 이것이 살이 되느냐 되지 않느냐는 사실 당신의 오늘의 대사 에너지와의 균형에 따라 결정된다.

영양소의 중량을 칼로리의 양으로 환산하는 간단한 방법이 있다. 탄수화물과 단백질은 1그램당 4킬로칼로리, 지방은 1그램당 9킬로칼로리의 에너지를 내포하고 있다. 지방은 탄수화물이나 단백질의 배 이상의 에너지를 가지고 있는 것이다.

그렇다면 이 관계식을 케이크에 적용해보면 케이크 한 조각에 함유된 총칼로리는 대략 500킬로칼로리가 된다.

만약, 당신이 오늘 아침부터 아무것도 먹지 않았다면 이 케이크를 통째로 먹은들 1그램도 살로 가지 않는다.

500킬로칼로리는 모두 기초대사에 필요한 에너지로서 소비되며 연소되고 남은 것은 이산화탄소의 형태로 호흡이나 땀으로 배출된다.

즉, 기초대사 범위 내의 열량이라면 아무리 먹어도 금방 연소되어 에너지원으로 사용되기 때문에 체중이 되지 않는다. 당신은 더 이상 살이 붙지 않는 것이다.

하지만 만약 오늘 하루, 아침과 점심을 모두 든든하게 먹고 저녁에도 맛있는 요리를 먹었는데도 달콤한 뭔가가 너무나 먹고 싶어 이 케이크를 한입에 쏘옥 넣어버렸다면―.

이미 아침, 점심, 저녁 식사를 통해 성인에게 필요한 1일당 기초대사량에 상당하는 2천 킬로칼로리를 섭취했기 때문에 잉여에너지는 당신의 몸에 듬직한 '살'로 남는다. 이때 비로소 당신의 체중은 증가할지도 모르는 것이다!

이는 어떤 의미에서 본다면 인간의 슬픈 습성일지도 모른다. 진화는 사람으로 하여금 잉여의 에너지를 만났을 때 만일에 대비해 신속하게 그 잉여 에너지를 축적하도록 우리 몸의 시스템을 발달시켰고, 우리의 몸과 유전자는 이 메커니즘을 착실하게 지켜왔다. 이것이 포식의 시대를 맞은 지금까지 그대로 유지되고 있으므로 필요 이상의 음식물을 섭취하면 배둘레의 지방으로 축적되는 것은 당연한 현상이다.

잉여 칼로리를 몸에 남지 않게 하기 위해서는 여분의 운동을 통해 이를 억지로 연소시키는 방법도 있다. 하지만 이 방법은 상당한 어려움을 동반한다. 한번 체내에 들어온 칼로리를 운동으로 연소시키기 위해서는 상상 이상의 운동량이 필요하기 때문이다.

500킬로칼로리(쇼트케이크 1개)를 완전히 연소시키기 위해서는, 수영의 경우 평형으로 에누리 없이 한 시간, 조깅의 경우 10킬로미터를 달려야 한다. 우리는 무심코 과다하게 먹는다. 그리고 보통 사람은 수렵이나 채집 활동을 포기했기 때문에 운동의 동기와 계기를 거의 상실한 채 살고 있다. 당신은 쇼트케이크 한 조각을 먹기 위해 한 시간 동안 수영을 할 기력이 있는가. 10킬로미터를 뛸 시간이 있는가.

운동을 통한 대부분의 다이어트가 실패로 끝나고 마는 이유가 바로 여기에 있다.

'살이 찌는' 메커니즘

그렇다면 여분의 에너지가 살이 되는 과정, 즉 체중으로 변하는 과정을 살펴보자.

여러분 배 둘레에 붙어 있는 소위 말하는 체지방은 필요 이상 섭취한 칼로리의 말로다. 그런데 이 체지방이 사실은 살아 있다. 하나하나가 살아 있는 세포, 즉 지방 세포인 것이다. 지방 세포는 한 장의 얇은 막으로 싸여 있으며 그 내부에서 생명 활동을 영위하고 있다. 어떤 생명 활동이냐 하면 바로 세포 가득 지방을 축적하는 일이다.

지방 세포는 잉여 에너지를 모세 혈관으로부터 받아 그것을 저장하는데, 실제로 받아들이는 것은 혈액 중의 포도당, 소위 말하는 혈당이라는 것이다.

기본적으로 모든 영양소는 에너지원으로서 연소될 때, 최종적으로는 포도당이 된다. 포도당은 혈액으로 녹아들어 몸 안을 구석구석 돌며 각 조직의 세포를 '관개(灌漑)'하고 세포로 흡수된 포도당은 연소되어, 즉 산소와 결합하여 에너지를 방출한다.

이 에너지가 세포의 대사를 위한 원동력이 되며 또한 체온의 근원이 된다. 배가 고파진다는 것은 혈당치가 내려간다는 뜻이다. 거꾸로 말해 에너지가 소비되어 혈당치가 저하되면 공복감을 느낀다.

우리는 그 반응으로 섭식행동을 한다. 배가 불러지고 필요 이상의 포도당이 혈중에 존재하면 지방 세포는 부지런히 포도당을 불러들인 다음 이를 지방으로 바꿔 세포 안에 축적한다.

여분의 칼로리가 '살이 되고 체중이 되는' 것은 섭취한 과잉 에너지가 포도당의 형태로 온 몸을 돌다가 지방으로 변환되어 지방 세포 내부에 저장된 시점에서 종료된다.

우리는 오랫동안 기아 상태에서 진화해 온 덕에 칼로리를 제한하는 한계물질(limiter), 즉 만복(滿腹)중추 제어가 약하다. 바로 이 때문에 우리 인간은 쉽게 살이 찌는 것이다.

하지만 인간이라는 것이 그렇게 호락호락하지는 않다. 무슨 일이든 미미하나마 구원의 손길이 있기 마련이다. 앞에서도 말했듯이 조금씩 자주 먹는 방법이 바로 그것이다.

사실 쇼트케이크 하나를 조금씩 나눠 먹는다면 좀스럽게 보이겠지만, 과잉 칼로리 섭취가 뻔한 풀코스는 가능한 한 천천히 시간적 여유를 가지고 먹는 편이 현명한 방법이다.

지방으로 변환시켜 저장하는 과정

왜 조금씩 천천히 먹어야 하는가를 이해하기 위해서는 좀더 미시적인 눈이 필요하다. 지방 세포가 모세혈관으로부터 잉여의 포도당을 받아들여 지방으로 변환시켜 저장하는 과정을 자세히 살펴보자.

지방 세포는 세포막에 의해 둘러싸여 있다. 세포막은 아주 얇지만 강도가 있으며 물질을 쉽게 통과시키지는 않는다. 세포막이 물질이 통과하는 데 장벽 역할을 함으로써 세포를 외부세계와 격리시키고 세포 내에 생명 환경을 형성하는 기본 구조를 제공하고 있는 것이다.

포도당 역시 예외가 아니어서 세포막을 그대로 통과하지는 못한다. 포도당이 지방 세포의 외부에서 내부로 들어오기 위해서는 세포막을 관통하는 특수한 터널을 지나야 한다.

풍선에 짧은 마카로니가 끼어 있다고 상상해보자. 마카로니의 구멍을 통과해 포도당이 세포 안으로 들어간다. 단, 이 마카로니 구멍은 일방통행이라 포도당이 세포 내부에서 외부로 빠져나갈 수는 없다.

또한 포도당 이외의 물질은 아무리 포도당보다 작은 분자라도 이 구멍을 통과할 수가 없다. 분자의 형태가 구멍에 적합하지 않은 것이다. 이 마이크로 차원의 마카로니는 '포도당 수송체'라 불리는데, 이 구멍은 단순한 터널이 아니라 포도당만이 지나다닐 수 있는 특수한 구조를 하고 있는 것이다.

이 마이크로 차원의 마카로니가 지방 세포의 세포막에 수도 없이 꽂혀 있다면 그만큼 많은 포도당을 끌어들일 수 있다. 거꾸로 마카로니의 수가 적으면 그만큼 포도당의 흡수량은 적어진다.

실제로 지방 세포 한 개의 세포막에 어느 정도의 마카로니가 꽂혀 있는가는 때와 경우에 따라 다르다. 마카로니는 보통 지방 세포의 내부에 있는 격납고에 저장되어 있다.

그리고 혈중에 잉여의 포도당이 증가하기 시작하면 마카로니는 격납고에서 나와 일제히 세포막에 배치된다. 포도당을 세포 안으로 끌어들이기 위해.

흡수된 포도당은 지방으로 바뀌어 저장되지만 그 지방을 저장하는 창고와 마카로니 격납고는 세포 내의 각기 다른 장소에 있다. 그리고 지방 저장고 쪽이 압도적으로 넓은 장소를 차지하고 있다.

혈중의 포도당 농도가 내려가면 지방 세포는 그 이상 포도당을 흡수할 필요가 없어지기 때문에 세포막에 꽂혀 있던 마카로니는 세포 안의 저장고로 돌아간다.

결국 지방 세포의 세포막 위에 존재하는 마카로니의 양이 포도당의 흡수량을 결정하게 된다. 그렇다면 만약 잉여 포도당이 혈중에 존재한다고 해도 지방 세포가 마카로니를 세포막에 배치하지 않으면 지방 세포는 포도당을 세포 안으로 끌

어들일 수 없고 따라서 지방을 축적하지 않으며 결과적으로
체중도 늘지 않는다, 는 논리가 성립된다.

인슐린을 제어하라!

그렇다면 도대체 누가 마카로니를 배치하고 회수하라는 명
령을 내리는 걸까? 지방 세포가 자율적으로 혈중 포도당의
양을 감시하여 스스로 명령을 내리는 것은 아니다. 지방 세포
는 굳이 말하자면 몸의 '변두리'에 있기 때문에 몸 전체를 다
둘러볼 수는 없다.

그 명령은 '중앙'에서 내려진다. 그렇다고 해서 몸의 중앙
이 항상 뇌인 것은 아니다. 특히 당 조절에 관해서는 뇌조차
누군가에 예속된 입장이다. 왜냐하면 당 공급이 끊기면 뇌는
잠시도 지탱하지 못하기 때문이다.

명령을 내리는 것은 몸의 중앙에 위치한 췌장이라는 장기
다. 췌장을 현미경으로 들여다보면 마치 산호초가 펼쳐진 바
다에 둥글고 작은 섬이 둥둥 떠 있는 듯한 광경을 볼 수 있는
데, 이것이 세상에서 가장 작은 '섬'인 랑게르한스섬이다.

앞서 말했듯 췌장의 주요 기능은 소화효소를 생산하는 일
이며 이는 '바다'가 담당하고 있다. 그리고 인슐린 생산은
'섬'의 몫이다.

참고로 무라카미 하루키의 단편 소설 중에《랑게르한스섬
의 오후》라는 작품이 있는데, 거기에서는 '그 신비로운' 이라

는 말로 묘사되어 있다.

이 작고 아름다운 랑게르한스섬이야말로 포도당의 출입을 제어하는 사령탑이다. 소화관으로부터 흡수된 포도당은 혈관으로 들어가고 각 혈관은 커다란 흐름이 되어 췌장으로 쏟아져 들어온다.

여기서 랑게르한스섬은 혈중 포도당의 농도, 즉 혈당치를 모니터링 한다. 만약 혈중 포도당이 지나치게 많으면 랑게르한스섬은 지방 세포를 향해 명령을 내린다. '마카로니를 세포 표면에 배치하고 즉각 포도당을 회수·축적하라'.

이 명령의 실체가 인슐린이다. 이와 같은 '명령을 내리는' 물질은 호르몬이라 불리며 인슐린은 랑게르한스섬에서 방출되면 혈류를 타고 전신을 돌다가 지방 세포에 도달한다.

지방 세포 표면에는 인슐린의 흐름을 멈추게 하는 안테나 역할의 분자, 인슐린 수용체가 있다. 인슐린은 인슐린 수용체와 특이한 모양으로(열쇠와 열쇠 구멍의 관계) 결합하여 지방 세포에 정보를 전달한다.

이 정보를 근거로 지방 세포 내부의 격납고에서 포도당 수송체(마카로니)가 운반되어 세포막에 꽂히게 되는 것이다.

마찬가지로 혈류를 타고 온 여분의 포도당은 이런 방법으로 지방 세포에 흡수된 후 지방으로 변해 당신 몸의 일부가 된다. 이때, 비로소 당신이 먹은 음식이 체중이 되는 것이다.

결국, 인슐린과 어떻게 잘 지내느냐가 음식을 현명하게 먹는 방법이 된다. 음식을 한꺼번에 많이 먹으면 혈당치가 갑자기 상승하여 인슐린이 대량으로 방출된다. 이것이 명령이 되어 지방 세포는 에너지를 꼭 붙잡아 저장한다.

거꾸로 가능한 한 인슐린이 방출되지 않도록 '조금씩 몰래' 먹을 수 있다면 그만큼 지방 세포가 받아들이는 명령은 적어지게 된다. 즉, 살이 잘 찌지 않게 된다.

그런데 과연 이런 방법이 가능할까? 답은 예스다. 느린 음식(slow food)을 택해 천천히 먹으면 된다. 느린 음식이란 꼭꼭 잘 씹어야 하는 것, 소화와 흡수가 천천히 진행되는 것을 말한다.

예를 들면 같은 칼로리라도 흰 쌀밥, 시리얼, 메밀국수, 현미의 소화 흡수 속도를 비교해 보면 85, 75, 54, 50이다. 상당한 차이가 있지 않은가.

이 수치는 글리세믹 지수(GI)라고 하는데 포도당을 그대로 섭취했을 때를 기준(100)으로 잡고, 각각의 식품이 혈당치를 어느 정도 올리느냐를 수치로 나타낸 것이다. 수치가 작을수록 느린 음식이라 할 수 있다.

즉, 메밀국수나 현미가 느린 음식이다. 자, 어떤가. 슬로푸드, 슬로라이프라는 말이 유행인데, 여기에도 그 나름의 합리성이 있지 않은가.

인터넷을 찾아보면 GI 일람표가 나와 있으므로 지금 당신이 다이어트에 매진하고 있다면 일단 GI를 파악하기 바란다.

'기아', 인류 700만 년의 역사

우리는 지금으로부터 700만 년 전, 인류의 원형이 이 세상에 출현한 이후 줄곧 거의 같은 상황에 놓여 있었다. 바로 기아 상태다.

우리의 조상은 항상 배를 곯았으며 아침에 일어나면 오늘은 어떻게 먹을 것을 구할까 하는 문제로 고민을 했다. 그들이 사는 가장 중요하고 유일한 목적은 바로 '생존' 이었던 것이다.

그러므로 어쩌다 많은 양의 음식물을 손에 넣은 날이면 더 이상 들어갈 수 없을 만큼 먹었고 몸 역시 축적할 수 있는 만큼 축적해두었다. 사람은 여분의 에너지를 지방으로 바꾸어 저장하는 생화학 메커니즘을 진화시켜 왔는데 우리의 몸은 기본적으로 당시와 같은 상태다.

기아가 당연했던 시대에는 만복중추 같은 건 필요하지도 않았을 테고 과잉 칼로리가 몸으로 들어왔을 때는 그것을 지방 세포에 흡수시키면 됐다. 하지만 이 축적 메커니즘이 현대에서는 그대로 비만 메커니즘이 된다.

한편, 축적 시에는 일시적으로 혈당치가 내려가고 몸은 동화 모드, 즉 부교감신경 우위의 '졸린' 상태로 들어간다. 이럴 때 만약 외부의 적에게 습격을 당하면 즉각 전멸될 것이다.

하지만 이럴 때도 높은 혈당치를 유지하여 항상 임전 모드로 몸 상태를 유지시켜 주는 능력을 가진 그룹이 있다면 그들은 적들의 급습에도 민첩하게 반격할 수 있었을 것이다.

당뇨병, 즉 혈당치를 항상 높게 유지하여 가능한 한 동화 모드가 되지 않도록 하는 기묘한 특성이, 진화라는 도태의 영향을 받지 않고 오늘날 인간의 유전자 창고에 보존되어 있는 것은 이런 이유 때문이 아니겠냐는 가설이 있을 정도다.

포식의 시대를 사는 현대인은 항상 과잉 칼로리의 위험성에 노출될 가능성은 있어도 영양소가 결핍될 일은 거의 없다. 당질, 단백질, 지방의 3대 기본 영양소는 물론 몸이 만들어낼 수 없는 비타민과 미네랄 역시 그렇다.

이는 매년 후생노동성이 실시하는 영양조사에도 밝혀진 사실이며 적어도 평범한 식생활을 하는 일본인이라면 어떤 영양소도 부족하지 않다는 뜻이 된다.

현대인의 영양실조

수년 단위로 일본인의 영양 소요량을 정하는 연구회에서는 오히려 비타민이나 미네랄의 섭취상한을 책정하는 작업을 진행하고 있을 정도다.

즉, 어딘가 몸 상태가 좋지 않고 왠지 피곤이 풀리지 않으며 피부가 거칠다고 느낄 때 분명 어떤 영양소가 부족하기 때문이라고 생각하는 것은 환각이며 영양제를 꼬박꼬박 챙겨먹는 행위는 오히려 강박적인 신경상태에 가깝다고 할 수 있다.

영양 소요량은 예를 들어 칼로리를 기준으로 했을 때 1일당 2천 킬로칼로리, 칼슘은 600밀리그램, 비타민A는……, 이런 식으로 정해져 있다. 방금 앞에서 '평범한 식생활을 하는 일본인이라면 어떤 영양소도 부족하지 않다'고 했다. 그런데 조심해야 할 영양소가 있다.

영양 소요량은 어디까지나 '1일당' 섭취 기준이다. 대부분의 영양소는 정도의 차이는 있지만 저장이 가능하다. 그러므로 비록 많은 날, 적은 날이 있지만 평균적으로 대략 소요량에 맞춰 섭취하고 있다면 수지는 유지될 수 있다. 하지만 저장이 불가능한 영양소가 있다면 어떨까? 여기에 문제의 여지가 있다.

단백질은 저장할 수 없는 것이다. 왜냐하면 단백질(정확히 말하면 그 구성 요소인 아미노산)의 흐름, 즉 동적평형이야말로 '살아 있다'는 말과 동의어이기 때문이다. 단백질의 합성과 분해 사이클은 멈추게 할 수 없으며 회전을 멈추지 않게 하기 위해 외부로부터 항상 단백질을 보급해 주어야 한다.

성인의 1일당 단백질 소요량은 60그램(건조 기준)이다. 그러므로 우리가 매일같이 핏물이 뚝뚝 떨어지는 수백 그램의 립을 먹어줄 필요는 없다. 하지만 하루 60그램의 단백질은 신체의 대사회전을 구동시키기 위해 항상 필요한 것이다.

만약 수지 균형으로 1일당 60그램의 단백질을 섭취하고 있다고 해도, 그것이 극단적인 형태로 간헐적으로밖에 흡수되지 못하고 있다면?

즉, 아침은 거르고 점심도 커피 정도로 때우고 저녁이 되어

서야 한 끼 먹기를 폭식으로 해결하는 식생활을 계속하고 있다면 그 사람은 포식의 시대를 살면서 하루 가운데 약 3분에 2는 확실히 단백질 기아 상태에 빠져 있다고 할 수 있다.

우리 몸 가운데 단백질의 대사 회전이 가장 빠른 장기는 어디일까? 그곳은 바로 췌장이다. 췌장은 항상 대량의 소화효소를 합성하고 분비하기 위해 고속으로 단백질 대사활동을 한다.

나는 애초에 췌장의 생화학적 메커니즘을 연구하는 일로 과학의 세계에 발을 디뎠다. 실험동물을 굶기면 단시간이라도 즉각 췌장의 자이모겐과립이라는 효소를 저장하는 세포 내 소기관에 이상이 감지된다.

그런데 현대인이 이 같은 상태에 있다면? 나는 21세기에 새로운 영양실조(Malnutrition)에 관한 연구가 필요하다는 판단을 하기에 이르렀고 현재 이 분야에 관한 연구를 하고 있다.

과유불급

요즘에는 트립토판을 영양제로 대량 복용하는 사람들이 생거나기 시작했다. 특히 유럽과 미국에서는 트립토판 정제 판매율이 높다. 인터넷에는 각 회사의 광고 페이지와 더불어 트립토판 약병 사진을 쉽게 만나볼 수 있다.

트립토판으로부터 수면 사이클과 관련된 멜라토닌을 만들수 있기 때문에 트립토판이 안정제, 혹은 시차로 인한 수면 장애를 해결하는 약품으로 각광받고 있는 것이다.

트립토판은 생존에 필수불가결한 아미노산의 일종으로 인간은 이 물질을 체내에서 합성할 수 없다. 따라서 트립토판은 모두 식사를 통해 섭취해야 한다.

트립토판은 체내에서 세로토닌이나 멜라토닌이라 불리는 신경활동에 필요한 물질로 변환된다. 세로토닌은 정서나 기분과 관련된 두뇌 활동에 관여하고 멜라토닌은 각성과 수면 사이클에 작용하는 것으로 알려져 있다.

또한 트립토판은 비타민의 일종인 NAD의 원료이기도 하다. NAD는 비타민B군 중 하나로, 신체의 에너지 대사와 관련된 중요한 비타민이다. 따라서 필수아미노산인 트립토판 부족은 생명에 위험을 초래한다.

하지만 일반적인 식생활을 한다면, 적어도 현대 일본인들은 트립토판 부족에 빠질지도 모른다는 걱정을 할 필요가 없다. 오히려 최근에는 트립토판 과잉 섭취가 더 몸에 좋지 않다는 관찰 결과까지 나와 있을 정도다. 이는 대체 무슨 뜻일까?

나는 앞에서 트립토판이 체내에서 변환되어 비타민 NAD가 된다고 말했다. 이 과정의 중간대사 산물 가운데 퀴놀린산(Quinolinic acid)이라는 것이 있다. NAD를 만들기 위해 트립토판은 일단 퀴놀린산이라는 물질로 변환되었다가 그 다음 NAD로 변한다. 이런 과정을 거치지 않으면 NAD는 만들어지지 않는다.

그런데 이 퀴놀린산이라는 것이 사실은 강력한 독성물질이다. 신경세포가 퀴놀린산에 노출되면 과잉흥분을 하게 되고 그 결과, 아포토시스(apoptosis)라는 자살프로그램이 개시되는 것이다. 이렇게 되면 신경 세포는 사멸하고 만다.

그런데 왜 이런 현상이 일어날까? 이유는 퀴놀린산이 글루탐산과 유사하기 때문이다. 글루탐산은 앞서 말했듯이 뇌 안에서 흥분성 신경전달물질로서 작용한다. 그리고 음식물로 섭취된 글루탐산이 뇌의 내부로 직접 들어가지 못하도록 막는 장벽이 있다.

퀴놀린산은 글루탐산과 유사하지만 사실은 다른 물질인데, 신경 세포 표면에 있는 글루탐산을 흡수하는 마이크로 차원의 안테나(수용체)로 빨려 들어가 세포를 과도하게 흥분시킨다는 사실이 밝혀졌다.

물론, 이런 일이 일어나면 곤란하기 때문에 생물은 퀴놀린산에 대한 엄중한 방어기구를 가지고 있다. 트립토판이 변환되어 퀴놀린산이 생성되어도 이는 정말 한순간에만 일어나며 즉각적으로 퀴놀린산을 무해한 물질로 바꾸는 특수한 효소가 뇌 안이나 몸 이곳저곳에 준비되어 있는 것이다.

이 효소가 바로 QPRT인데 퀴놀리네이트 포스포리보실 트랜스퍼라제(Quinolinate phosphoribosyl transferase)라는 긴 이름의 축약어이다. 이 효소 덕에 우리는 몸 안에서 불가피하게 퀴놀린산이 발생하더라도 금세 그 독성을 없앨 수 있으며 일상적인 생활을 할 수 있는 것이다.

그런데 최근 이 트립토판을 수면 장애를 해소하기 위한 수

단(그 효과도 과학적으로는 의문의 여지가 많다)으로서, 영양제로서 대량 섭취하는 사람들이 등장하기 시작한 것이다.

트립토판은 글루탐산과는 달리 장벽을 뚫고 지나 뇌 안으로 쉽게 침투할 수 있는 아미노산이다. 뇌 안에서는 분명 트립토판으로부터 세로토닌이나 멜라토닌이 만들어지고 있다. 단, 수면 장애가 단지 멜라토닌 부족으로 인한 것인지 어떤지는 아직 규명된 바가 없다. 수면과 같은 복잡한 시스템이 트립토판 공급량을 늘린다 해서 해결될 수 있는 그런 단순한 메커니즘일 리가 없다.

오히려 생각 없이 트립토판의 공급량을 늘리면 뇌내 퀴놀린산의 생산량이 증가할 우려가 있다. 물론 퀴놀린산은 QPRT의 작용으로 무해화되지만 어떤 것이든 한계라는 것이 있기 마련이다. 또한 뭔가 특별한 원인 때문에 QPRT 수치가 낮아지는 증상도 있을 수 있다.

사실, 헌팅턴병이라는 질환은 뇌세포의 성질이 변하면서 사멸하는 유전병인데 뇌내 퀴놀린산의 수치가 어떤 이유로 상승하여 그 결과 뇌세포가 손상을 입을 가능성이 있다. 우리 연구실에서도 헌팅턴병을 앓고 있는 실험쥐를 이용하여 실험을 한 적이 있는데 이 가설을 뒷받침할 만한 데이터를 확보했다.

트립토판이라는 아미노산 하나만 보더라도 ‘과유불급’이라는 생각이 든다. 이는 분자처럼 작은 것들에도 적용되는 고사성어다. 평범하고 일상적인 식사를 하는 한 트립토판이 부족해지는 일은 없을 테니 말이다.

제4장

그걸 먹나요?
— 부분만 보는 사람들의 위험

소비자에게도 책임은 있다

최근 몇 년 동안 식품의 안전에 대한 문제가 계속 불거지고 있다. 신문 지상에 식품안전 기사가 실리지 않는 날이 없다 해도 과언이 아닐 정도인데, 문제의 식품을 회수하겠다는 발표나 사죄문 가운데 한 가지 공감이 가는 부분이 있었다.

식육가공업체인 미트호프의 식육위장 사건 때였다. 이 회사는 돼지고기를 소고기라고 속여 판매했는데 맛과 냄새까지 속이기 위해 소기름을 첨가하는 등 다양한 방법을 동원했다. 물론 말도 안 되는 사건이었으며 독특한 캐릭터를 가진 그 회사 사장은 십자포화의 비난을 면치 못했다.

여기서 그를 옹호할 생각은 추호도 없다. 다만, 그가 상당히 흥미로운 발언을 했기에 거기에 대해 한번 생각해 보고자 한다. 그가 '소비자도 나쁘다' 는 취지의 말을 했던 것이다.

뻔뻔해도 유분수라는 말이 절로 나오는 이 말은 당연히 소비자의 분노에 기름을 부운 격이 되었다. 하지만 이 사건의 배경에는 식품 선택의 기준이 오로지 가격뿐인 소비자들이 존재한다는 사실이 있다.

우리는 어떤 음식을 구입할 때 기본적으로 가격만 생각하는 건 아닐까? 생산 과정이나 품질은 차치하고 가격만을 선택의 기준으로 삼는 경우가 적지 않다. 소비자는 싼 것만 산다. 그렇기 때문에 만드는 사람 역시 조금이라도 싼 물건을 만들기 위해 모든 방법을 강구한다. 이 바람직하지 못한 연쇄구조에는 소비자에게도 분명 책임이 있다.

나 역시 100엔짜리와 150엔짜리가 나란히 놓여 있다면 100엔짜리로 손이 간다. 하지만 그 차이가 그걸로 끝날 거라 장담할 수는 없다. 즉, 시계바늘을 빨리 감아 생각해보면 지금 이득 본 50엔이 미래에까지 계속 이득일 거라는 보장은 없으며 오히려 뭔가 손해를 가져올 부분이 있을지도 모른다. 지금 우리는 먹거리에 대해 이러한 시간 축을 따라 멀리까지 내다보는 '원근법' 을 잃어버리고 있는 것이다.

또한 식품과 다른 상품간의 원근법 역시 이상해지고 있다. 식품은 끝까지 양보해서는 안 되는 것인데 요즘은 상당히 뒤로 밀리는 경향이 있는 것 같다. 휴대전화 요금으로는 매달 거액을 지불하면서 5엔, 10엔 정도밖에 되지 않는 먹거리의 '가격차' 에 대해서는 무조건 과잉 반응을 보인다. 나에게 중요한 것은 무엇인가. 소비자로서 돈을 쓰는 순위를 매기는 원근법 역시 엉망이 되고 만 것은 아닌지 생각해 볼 일이다.

식품의 가격 차이에는 합리적인 이유가 있을 것이다. 유통 기한이 얼마 남지 않았다거나 보존을 위해 첨가물을 넣어 장기간 유통시킬 수 있다거나 다른 것이 둔갑된 것이라면, 당연히 판매 가격을 낮출 수 있다.

물론 비싼 것에도 그 이유가 있다. 안전과 신뢰를 위해 비용이 더 추가됐다면 비싸질 수밖에 없다. 바꿔 말하면 어떻게 만들었고 어떤 유통 경로를 거쳤는가 하는 과정을 가시화하기 위해서는 돈이 든다는 뜻이다.

소비자가 상품 그 자체와 함께 '정보와 신뢰까지 구매하겠다'는 의사표현을 하지 않는다면 식품 문제가 안고 있는 부정적 연쇄 반응의 고리를 끊고 현재의 식품을 '진정한 먹거리'로 돌이킬 수 있는 힘은 생겨나지 않을 것이다.

안전에 대한 비용을 지불하는 사람들

광우병 하니 미국의 볼더 시에서 광우병에 대해 조사, 취재했던 일이 떠오른다. 볼더 시는 일본에서는 이전부터 마라톤 선수인 다카하시 나오코(高橋尚子)의 연습지로 잘 알려져 있는데, 미국에서는 '은퇴 후 살고 싶은 곳' 베스트 10에서 빠지지 않는 지역이다.

그 이유는 볼더 시가 로하스(Lifestyle Of Health And

Sustainability) 발상의 근원지이기 때문이다. 볼더 시에는 유기농 식재료만 판매하는 와일드 오츠(Wild Oats)나 홀 푸즈(Whole Foods) 등 대형 유기농 슈퍼마켓이 즐비하다. 대부분의 식재료에는 유기인증 마크나 공정거래무역 마크가 붙어있고, 슈퍼마켓 내부는 은은한 조명 아래 고급 호텔 로비 같은 분위기를 연출한다.

이들 유기농 매장에 소고기를 공급하는 회사인 콜먼 푸즈의 멜 콜먼 회장은 이렇게 말했다.

"광우병에서 비롯된 미일 소고기 수입 분쟁을 보면 내심 마음이 편치 않다. 왜냐하면 우리 목장의 소들은 광우병에 걸릴 우려가 없기 때문이다."

그 이유를 묻자 즉각 대답이 돌아왔다.

"우리 목장의 소들한테는 동물성 사료를 일체 공급하지 않는다. 모든 사료는 다 식물성이며, 게다가 유기재배 제품만 사용한다. 성장 호르몬이나 항생물질도 전혀 투여하지 않는다. 지금껏 이 원칙을 고수해 오고 있다. 그렇기 때문에 광우병이 발생할 가능성이 없는 것이다."

분명 그의 말이 맞다. 그리고 볼더 시의 시민들은 모두가 콜먼 비프를 지지한다. 슈퍼마켓뿐만 아니라 볼더 시내의 레스토랑에 가면 메뉴에 '콜먼표' 비프스테이크가 있다. 사람들은 기꺼이 그 메뉴를 주문한다.

그렇다면 대체 콜먼 소고기는 다른 소고기에 비해 얼마나 더 비쌀까? 부위에 따라 다르겠지만 일반 슈퍼마켓에서 파는 고기와 비교해보면 10퍼센트에서 15퍼센트 가량 더 비싸다.

이 정도가 볼더 시민이 자진해서 지불하는 안전에 대한 비용이며 눈으로 확인 가능한 과정을 거친 식재료를 얻기 위한 비용이다.

뒤집어 생각해보면 먹거리의 안전, 신뢰를 둘러싼 논쟁의 핵심도 사실은 여기에 있다. 제2차 세계대전 직후 일본인들의 엥겔계수는 60퍼센트였는데 지금은 20퍼센트 전후로까지 떨어졌다고 한다.

이 사실은 과연 우리가 그만큼 경제적으로 풍요로워졌다는 것만을 의미할까? 소득증대가 사실이라면 물가상승 역시 사실이다. 하지만 엥겔계수 저하의 배경에는 우리의 행동 양식, 즉 먹거리에 관해서는 한 푼이라도 싼 쪽으로 얼른 손이 가는, 아니면 싸다면 먼 길도 마다 않고 가는 소비행동이 숨어 있는 것은 아닐까.

이와는 반대로 우리가 잃은 것은 생산자에서 소비자에 이르는 과정의 가시성이다. 가격 인하를 위해 행해지는 갖가지 과정이 블랙홀화되고 말았다. 우리는 패스트푸드점에서 파는 햄버거에 몇 마리의 소가 들어갔는지(대략 500마리라고 추산된다), 혹은 균일한 품질 관리나 광범위한 유통을 위해 어떤 가공이 추가되고 어떤 첨가물이 어느 정도 들어가는지 거의 알 길이 없다. 미트호프 사건도 바로 여기서 시작된다.

나는 종종 "소고기를 안 먹는 게 나을까요?"라는 질문을 받는다. 우리가 바르게 판단해야 할 포인트는 무엇을 먹지 말아야 하느냐가 아니라, 보이지 않는 것을 가시화하고 잃어버린 신뢰관계를 되찾는 일이다. 신뢰할 수 있는 과정을 거친 소고기라면 어떤 부위라도 안전한 상태로 먹을 수 있기 때문이다.

장대한 인체 실험

우리가 슈퍼마켓이나 편의점에서 구입하는 식품에는 대부분 첨가물이 들어있다. 착색료, 향신료, 감미료, 보존료, 산화방지제 등으로, 인체에 급격한 악영향을 미치지 않는 수준이라면 이런 첨가물은 사용할 수 있도록 허용되고 있다.

하지만 사용허가가 곧 안전을 의미하는 것은 아니다. 장기간 섭취로 인해 발생하는 문제나 복합적인 작용에 대해 제대로 조사가 완료됐다고 말하기는 어려운 것이다.

햄이나 소시지, 도시락 등에 광범위하게 사용되는 소르브산이라는 보존료를 예로 들어보자. 소르브산은 세균증식을 억제하는 효과가 있으나 인체에 직접적인 영향을 미치지는 않는 것으로 알려져 있다. 하지만 식품에 부착되어 있는 잡균을 제압할 정도라면 우리 장 안에 있는 세균도 제압할 수 있지 않을까.

하긴 장내 세균도 강하기 때문에 소르브산에 의해 다소 제압당한다 해도 다시 증식하여 원래 상태로 돌아오기는 한다. 그렇다면 아무 문제도 없지 않은가? 그런데 그렇지가 않다. 장내 세균을 원래대로 돌려놓기 위해 체내에는 부하가 걸리는 것이다.

차로 비유해보면 가속 페달과 브레이크 페달을 동시에 밟으며 달리는 형국이다. 장에 수십 년 동안 부하가 걸려 있다면 당연히 어떤 변질이 발생할 가능성이 커질 테고, 부하가 없는 상태에 비해 수명이 단축될 것임은 쉽게 상상할 수 있다.

음식물의 분자는 그대로 우리 몸의 분자가 된다. 때문에 만약 음식물 안에 생물 구성 분자 이외의 것이 포함되어 있다면 우리 몸의 동적평형에 부하를 주게 된다. 그것들을 분해하고 배제하기 위해 여분의 에너지가 필요하게 되어 평형 상태의 균형을 깨뜨리기 때문이다.

식품을 며칠 동안 썩지 않게 하기 위해, 눈앞의 안전성만을 보고 식품첨가물을 사용하는 것은 생명활동을 기계론적으로 인식하는 인간들의 부분적 사고에서 비롯되는 것이다. 게다가 이런 첨가물이 사용되기 시작한 것은 그리 오래 전 일이 아니다. 우리는 장대한 인체 실험의 대상이 되고 있는 것이다.

탐욕스러운 바이오테크놀로지 기업

유전자변형식품(GMO식품)도 일종의 인체실험이다. GMO식품을 먹은 당일이나 혹은 바로 다음 날 이상 현상이 발생하는 등의 심각한 독성은 없을지 모른다. 그러나 유전자를 변형시키는 것은 생물에 인위적으로 부담을 가하는 행위다.

전혀 다른 유전자가 주입되면 식물이나 동물의 평형상태는 깨지게 된다. 그러면 생물은 평형상태로 되돌아가고자 무언가 다른 반응을 일으킬 것이다. 이는 일종의 '스트레스에 대한 응답 반응'으로 생물 안에서 보통 때와는 다른 어떤 변화가 일어날 수 있다는 것을 의미한다. 이로 인해 원래 식품에 들어 있으면 안 되는 새로운 물질이 만들어지고 있을지도 모른다.

현재 일본인은 GMO식품을 직접적으로 먹지는 않는다. 간장, 두부, 낫토 포장지에는 '우리는 유전자변형콩을 사용하지 않았습니다'라는 내용이 인쇄되어 있다.

그러나 그런 표시가 되어 있다고 해서 안심할 수 있을까. 미국에서 대량 생산되는 대부분의 유전자변형작물은 가축 사료로 이용되고 있다. 우리는 이 사료로 기른 가축에서 얻은 고기를 먹고 있는 것이다.

과학적으로 '안전하다'고 여겨지는 GMO농작물을 왜 생산하는 것일까. 그 이유는 바로 GMO 농업 비즈니스가 돈이 되기 때문이다.

미국에 '몬산토'라는 바이오테크놀로지 기업이 있다. 유전자변형기술을 이용하여 여러 가지 '상품'을 생산하고, '라운드업(Round-up)'이라는 강력한 제초제도 개발했다. 이 제초제를 뿌리면 잡초도 나지 않는다. 물론 농작물에도 영향을 끼쳐 농작물이 시들어 죽게 된다.

그래서 몬산토는 라운드업에 대해 내성을 지닌 유전자를 콩에 접목시켰다. 이렇게 하면 콩을 심은 후 헬리콥터로 라운드업을 살포하기만 하면 되므로 전혀 땀 흘리지 않고 농작물을 재배할 수 있게 된다. 그리고 몬산토는 제초제 라운드업과 이에 내성을 지닌 GMO콩을 세트로 판매할 수 있게 된다. 실제로 몬산토는 이런 방식으로 판매했다.

또한 몬산토는 개발에 더욱 박차를 가해―그렇게 하지 않으면 지속적인 판매가 불가능하기에―콩을 1년만 생산할 수 있도록 생식 능력을 제거하는 등 손을 써 놓았다. 이렇게 되면 농가는 몬산토로부터 매년 종자를 사야만 하기 때문이다. 당시의 몬산토는 모든 농가가 자기네 제품을 살 거라는 확신에 차 있었다.

GMO콩과 라운드업 세트가 전 세계로 팔려나가면 몬산토는 종자 시장 지배와 매년 수익 보장이라는 두 마리 토끼를 잡게 된다.

그러나 이 전략은 커다란 역풍을 맞게 된다. 우선 유럽 전역에서 GMO농작물에 혐오감을 내비쳤다. 안전성에 대한 회의가 표면적인 이유였고 그 이면에는 미국 자본이 유럽 농업을 좌지우지할지도 모른다는 위기감이 있었다. 어쩌면 이는 당연한 반응이었다.

그리고 일본에서도 콩 제품에는 열이면 열 'GMO콩을 사용하지 않았습니다'라는 표시를 했고 무역회사는 'NON-GMO농작물'을 찾아 대량 구입했다.

몬산토는 GMO콩의 세계전략에는 실패했으나 그 정도로 기가 죽지는 않았다. 여러 식용 농작물의 유전자를 조작해 제초제 내성 종자를 만들어 라운드업과 같이 파는 형식으로 수

익을 올리고자 하고 있다.

기업이므로 이윤을 추구하는 행위 자체가 나쁘다고는 할 수 없다. 하지만 그 방식은 너무나도 무자비하고 이기적이다.

1998년 몬산토는 캐나다 서스캐처원 주(州)에서 농업에 종사하던 농부 슈마이저를 제소했다. 슈마이저가 몬산토 측에 로열티를 지불하지 않고 제초제 내성 카놀라를 재배했으니 여기서 얻은 이익을 '반환하라'는 내용이었다.

슈마이저는 몬산토의 제초제 내성 카놀라를 사용하지 않았고 종자는 매년 자신의 밭에서 얻은 것을 사용했다. 그런데 슈마이저의 밭에서 수확한 카놀라에서 몬산토의 제초제 내성 유전자가 확인된 것이다.

초등학교 자연시간에 배우는 내용이지만 식물 종자는 꽃의 암술에 꽃가루가 묻어 만들어진다. 이때 꽃가루는 바람이나 곤충에 의해 암술로 이동한다.

슈마이저는 근처 농장이 몬산토의 제초제 내성 카놀라를 사용하는데 그 꽃가루가 자신의 밭으로 날아왔거나 밭에 인접해 있는 도로에 몬산토의 제초제 내성 카놀라 종자가 떨어졌을 가능성이 있다고 주장했다.

이에 대해 몬산토는 다음과 같이 반론했다. '어떤 경로로 슈마이저의 밭에서 제초제 내성 카놀라가 자라게 됐는가는 상관없다. 중요한 것은 우리가 소유하고 있는 특허권이 침해당했다는 사실이다. 그러므로 슈마이저는 이에 대해 변상하라.'

GMO콩의 예에서 알 수 있듯이 세계 시장은 GMO식품을 혐오했다. 일본에서나 유럽에서도 상품으로서 인정받지 못한다. 그리고 유기농 재배로 생산한 콩에 GMO콩이 조금이라도 섞이면 식품용으로 판매할 수 없게 된다.

이는 유기농 방식으로 농작물을 재배하는 농가에는 공포스런 이야기다. 바람이나 곤충이 유전자변형 개체 꽃가루를 옮기면 모든 노력은 수포로 돌아가게 된다. 이를 방지하는 방법이 있을까. 유기농 재배 농가 입장에서 보면 자신들이야말로 몬산토 등에서 나온 GMO 종자 때문에 오히려 피해를 입은 상황이었다.

그런데 캐나다의 하급법원은 몬산토의 주장을 받아들였다. 물론 슈마이저는 상고했다. 그리고 2004년 캐나다 대법원에서 다음과 같은 판결이 내려졌다.

'몬산토가 제초제 내성 카놀라의 특허권을 소유하고 있다는 점은 인정된다. 단, 제초제 내성 카놀라의 혼입으로 인해 피고 슈마이저가 이익을 얻은 사실이 없으므로 몬산토에 대한 손해배상을 면제한다.'

한편 슈마이저 측도 가만히 있지 않았다. 슈마이저의 부인 루이스가 유기농으로 키운 우리 밭이 GMO농작물로 오염됐다는 이유로 몬산토를 고소했다. 이에 대한 재판은 아직 진행 중인데, 이렇게 한번 GMO농작물이 나돌면 비슷한 문제가 계속 발생할 것이다.

참고로 말하자면 최근 미국 캘리포니아 주에서는 거대 농업 자본의 일방적인 소송을 제한하는 법안이 통과됐다.

유전자 조작 작물의 대의명분

한 가지 예를 더 들어보자. 유전자 조작 작물의 효시로 등장한 상품 중에 '플레이버 세이버(Flavr Savr)' 라는 토마토가 있었다. 이 토마토를 개발한 것은 미국 칼진(Calgene) 사였다.

숙성된 토마토는 정말 맛이 좋다. 그 이유는 토마토의 과육이 폴리갈락투로나아제라는 분해 효소에 의해 파괴되어 가는 그 과정이 맛을 내기 때문이다(이는 음식과 섹스가 갖는 공통 구조의 좋은 예이기도 한데 여기서는 넘어가기로 하자).

그런데 칼진의 한 연구원이 이 폴리갈락투로나아제의 역할을 유전자 공학으로 정지시키면 어떻게 될까 의문을 갖게 되었다.

일단 과육의 분해가 제어되기 때문에 원래 본 줄기 가까운 곳부터 하나씩 익어가는 토마토를 가지째로 수확할 수가 있다. 그리고 운반 중에 상하는 일도 없다.

토마토 자체는 완전히 익지 않아 시고 맛도 없지만 보기에는 좋기 때문에 일단 소비자들의 눈을 속일 수 있다. 이런 물건에 '플레이버 세이버(향기 보존)' 라는 이름을 붙이다니, 대단한 사람들이다. 물론 시장에서는 참패를 면치 못했다.

이처럼 초기에 유전자 조작 작물은 제초제 내성이나 완숙 억제와 같은 생산자 측에 유리한 것이 대부분이었다. 그런데 바이오테크놀로지 기업들은 최근에 들어서야 겨우 자신들의 전략이 잘못된 것임을 깨닫기 시작했다. 그리고 '콜레스테롤

저하 효과를 강화시킨 콩' 이라든가 '비타민A 강화쌀' 같은 소비자 편에 선 상품을 개발하기 시작했다.

반면, '유전자 조작 작물은 제3세계의 식량난 구세주' 라는 대의명분 캠페인에도 열을 올리고 있다.

하지만 나는 그들에게 '앞길은 험난할 것이다' 라고 충고해 두고 싶다. 콜레스테롤을 저하시키고 싶다면 육식을 줄이면 될 것이고, 선진국 국민에게 비타민A 강화쌀은 필요치 않다. 만약 부족하다고 생각된다면 밥과 함께 소나 돼지의 간 요리 정도를 섭취하면 될 일이다.

우리는 그렇게 복잡한 식품에 의존해야만 할 정도로 심각한 영양 문제에 처해 있는 걸까?

제3세계의 식량난이 심각한 것은 식량을 살 돈이 없기 때문인데, 그런 나라에 어떻게 '판매' 를 한다는 것인지. 만약 제3세계에 유전자 조작 작물을 전달하게 된다면 그건 각 선진국이 십시일반 필요 경비를 모아 '사 주는' 형태가 될 것이다.

하지만 적어도 우리는 우리가 '위험해서 먹지 않는' 식품을 제3세계에 '사 주는' 일은 하지 않을 것이다.

'파란 장미' 의 교훈

몇 해 전에 사이쇼 하즈키(最相葉月)씨가 쓴 《그때의 미래(あのころの未來)》가 문고판으로 나왔을 무렵, 책 해설을 부탁 받은 적이 있다. 이 책은 호시 신이치의 '쇼트 쇼트' 를 현대적

관점에서 재해석하여 어떤 교훈을 얻으려 한 흥미로운 시도였다. 해설을 쓰기에 앞서 나는 당연히 다시 한 번 '쇼트 쇼트'를 읽었고 그 중 한 스토리를 기록해 두었다.

어느 박사가 다람쥐와 사자를 교배해 스온을 만들었다. 스온은 다람쥐처럼 작고 귀여운 외모를 가졌지만 사자처럼 용맹하고 강했다. 이것을 보고 부러워하던 식물학 박사 친구는 포도와 멜론을 교배시켜 포론을 만들고자 결심했다. 멜론처럼 크고 과즙이 풍부하면서 포도처럼 풍성한 송이가 열리는 그런 과일을 말이다. 하지만 완성된 것은 포도처럼 작은 열매가 멜론처럼 조금밖에 열리지 않는 그런 식물이었다……

윗글은 〈스온〉이라는 작품의 줄거리인데 어찌된 일인지 나는 그만 〈포론〉이라는 제목으로 기억하고 있었다. 지금 바이오테크놀로지 기업들이 손대고 있는 유전자 조작 작물의 출현과 그 미래를 호시 신이치 선생은 무려 약 40년이나 전부터 예언하고 있었던 것이다.

호시 신이치 선생은 초일류 문필가이므로 그의 어떤 작품이라도 더 이상 손 댈 곳은 없다. 그런 글을 새삼 소개하면서 뭔가 해석을 곁들이거나 교훈이나 시사점을 이끌어내려는 것은 풍차에 도전하는 돈키호테 같은 짓일 것이다. 그런데 사이쇼 씨는 이 점을 충분히 인지하고 있으면서도 굳이 돈키호테 역을 자청했다. 그 정도로 호시 신이치 선생의 '쇼트 쇼트'는 현대의 우리에게 풍부하고 유익한 시사점을 준다.

사이쇼 씨는 《절대음감》으로 강렬하게 데뷔했고 곧이어 《푸른 장미》를 내놓았다. '푸른 장미'의 영어(blue roses) 뜻은 '불가능한 일'을 의미하지만, 실물의 '푸른 장미'를 만들기 위해 많은 사람이 도전장을 내밀었다. 사이쇼 씨는 그 사람들의 꿈과 고군분투를 상세히 취재했고 장편의 논픽션으로 세상에 내놓았다.

이 '푸른 장미'를 추구했던 사람들 가운데 바이오테크놀로지적 관점에서 접근한 사람들이 있었다. 유전자 조작으로 장미에 다른 식물이 갖고 있는 하늘색의 색소를 주입하여 푸른 장미를 만들려고 한 것이다.

이는 내가 해설해야 할 책은 아니었으나 내가 연구하고 있는 분야에 속한 얘기였으므로 그 책을 읽고 다음과 같은 글을 썼다.

……장미는 푸른색 품종은 존재하지 않으며 푸른 장미를 만들어내려 했던 원예가들의 오랜 노력도 결실을 맺지는 못했다. 여기에는 분자생물학적으로 명백한 이유가 있다. 달개비 같은 선명한 푸른색을 만들어내는 색소인 델피니딘을 합성하는 효소가 장미에는 존재하지 않기 때문이다. 바로 이 사실이, 명석한 두뇌의 소유자이며 동시에 어떤 의미에서는 순진한 과학자들로 하여금 이 특수한 프로젝트에

착수하게 만들었다. 푸른색 색소인 델피니딘을 합성하는 효소의 유전자를 푸른색의 식물로부터 추출하여 그것을 장미 유전자에 이식하면 될 것이다. 이렇게 아이디어만으로는 아주 단순하지만, 실제로는 놀라우리만치 어려운 실험이 시작되었다.

푸른 색소를 만드는 효소를 주입하는 것만으로 식물은 '생각했던 것만큼' 푸르지는 않았다. 메커니즘을 알면 알수록 보다 정교한 메커니즘의 존재가 명확해졌다.

푸른 색소를 안정적으로 존재하도록 하기 위한 세포 내 환경, 원래는 푸른 꽃을 피워낼 수 없는 식물의 색소 합성 경로로부터의 간섭 배제, 푸르지 않은 꽃을 푸르게 하기 위해서는 다양한 요인이 필요하다는 사실을 잇따라 깨닫게 되었다.

유전자공학은 공학이라고는 하지만 부품 하나를 바꾸면 효과가 즉각적으로 나타날 정도로 기계적인 대상을 다루지는 않았던 것이다. 《푸른 장미》는 이 모든 것을, 이 책의 표지처럼 정갈한 문장으로, 남김없이 담아냈다…….

동물이든 식물이든 가령 그 생물이 기계적 구조를 하고 있다고 해도 그것은 어제 오늘 만들어진 기계가 아니다. 38억 년을 들여 개량을 거듭한 생명 역사의 완성형으로서 존재하고 있는 것이다. 즉, 38억 년 동안 최적화된 결과인 것이다. 그것에 뭔가를 주입하거나 변형시켜도 완성형을 다시 개량

하기란 그리 쉬운 일이 아니다.

전체는 부분의 총화가 아니다

생명이 기계처럼 여러 개의 부품으로 조립된 것이 아니라는 건 엄연한 사실이다.

'생명의 시스템'과 '기계의 메커니즘'의 차이를 읽어내는 열쇠 가운데 하나는 시간일 것이다. 기본적으로 기계를 조립하는 데 있어 시간적 순서는 아무런 관계도 없다.

그저 거기에 필요한 부품이 그곳에 있으면 되는 것이다. 어떤 부품을 사용했는지도 상관없고 조립에 소요된 시간이 1시간이든 1년이든 상관없다.

하지만 생명은 그렇지가 않다. 분명히 생명을 하나씩 분해해가면 부품이 된다. 2만 수천 종의 마이크로 차원의 부품. 현대 사회에는 그 부품(단백질) 모두를 시험관 안에서 합성해낼 수 있다.

그렇다면 그것을 기계처럼 조합하면 생명체가 만들어질까? 그런데 그게 그렇지 않다. 합성된 2만 수천 종의 부품을 혼합해도 거기서 생명이 탄생하지는 않는다. 그것은 어디까지나 혼합 주스에 불과하다.

그런데 우리의 생명은 그 부품을 이용해 엄연히 잘 살고 있지 않은가. 마이크로 차원의 부품 조합을 통해 움직이고 대사하며, 생식하고 사고까지 한다. 이 생명현상에 관해서는 기계와는 달리 전체는 부분의 총화 이상의 무언가인 것이다. 1+1은 2가 아니라 2 플러스 α(알파)다. 그렇다면 이 플러스 α란 무엇일까? 그것은 어디로부터 오는 것일까?

나는 '시간'에서 유래한다고 생각한다. '전체는 부분의 총화 이상인 그 무엇이다'라는 테제를 너무 진지하게 받아들이면 위태로운 오컬티즘에 접근하고 만다. 생물은 마이크로 차원의 부품으로 이루어져 있으나 거기에 플러스 α의 '생기(生氣)'가 더해짐으로써 비로소 생명이 된다는 생기론(生氣論)이 그 전형적인 예다.

과거에는 생물이 죽으면 '생기'가 이탈하여 그만큼 체중이 줄어든다는 말을 믿는 사람이 많았다.

물론 생기라는 건 없다. 하지만 플러스 α는 존재한다. 플러스 α란 단적으로 말하면 에너지와 정보의 출입을 말한다.

생물을 물질적 차원으로만 생각하면 마이크로 차원의 부품으로 이루어진 조립식 장난감으로 보인다. 하지만 부품과 부품 사이에는 에너지와 정보가 오간다. 이것이 바로 플러스 α다.

모든 생명현상은 에너지와 정보가 어우러져 만드는 그 '효과'에서 비롯된다. 이렇게 비유해 볼 수 있다. 텔레비전을 분해하여 아무리 정밀하게 조사했다 해도 진정으로 텔레비전을 이해했다고는 할 수 없다. 왜냐하면 텔레비전의 본질은 거기에 나타나는 효과, 즉 전기 에너지와 프로그램이라는 정보에 의해 만들어지는 것이기 때문이다.

그리고 그 효과가 나타나기 위해서는 '시간'이 필요한 것이다. 좀 더 정확히 말하면 타이밍이 필요하다. 그 타이밍에는 이 부품과 저 부품이 출현하고 에너지와 정보가 교환되어 어떤 효과가 발생한다. 그리고 그 효과 위에 다음 단계가 준비된다.

다음 순간에는 다른 한 세트의 부품이 필요해지고 이전 단계에서 필요했던 부품은 이제 필요치 않음은 물론, 거기에 있어서는 안 되는 존재가 된다. 이런 불가역적인 시간의 질서 속에 생명은 성립된다.

생명을 '부품의 집합체' 라는 물질 차원에서만 생각하면 시간의 중요성을 간과하기 쉽다. 그뿐 아니다. 어떤 부품을 갈아 끼우면 보다 더 효율적이라든가 특별한 효과를 기대할 수 있다는 기계론적인 사고로 생명을 바라보게 되는 함정도 바로 여기에 존재한다.

제5장

생명은 시계장치인가?
— 만능세포의 신비

생명의 구조를 밝히는 방법

2007년의 노벨 생리학·의학상은 마리오 R. 카페키 교수 (미 유타대학)와 올리버 스미시스 교수(미 노스캐롤라이나대학)에 게 돌아갔다.

그리고 또 한 명, 만능(ES)세포를 만드는 데(녹아웃 마우스 knock-out mouse 탄생의 기본이 된) 공헌한 마틴 에반스 교수(영 카디프대학)도 공동 수상자 대열에 올랐다. 그들은 지금 마음 씨 좋아 보이는 할아버지의 얼굴을 하고 있지만, 젊은 시절 그들의 연구실은 과격했으며 또한 획기적이었다.

녹아웃이라 하면 대체 마우스의 어디를 불구로 만든다는 말인가. 녹아웃이라는 서양인스러운 이 거친 표현은 마우스 의 어떤 유전자를 짓이겼다는 뜻이다.

이해를 돕기 위해 본인의 졸저《생물과 무생물 사이》에서 그랬듯이 여기서도 텔레비전을 예로 들어보기로 하자. 텔레비전 뒤로 돌아가 후면의 패널을 떼어냈다고 가정해 보자. 그것은 최신 액정 텔레비전이 아니라 지금은 흔히 볼 수 없는 브라운관 스타일의 구형 텔레비전이다.

메케한 먼지 냄새가 풍기는 이 텔레비전 안에는 형형색색의 작은 부품이 빽빽하게 들어차 있다. 만약 그 중 어느 한 개가, 예를 들면 노랗고 작은 삼각다리 부품이 도대체 왜 거기에 있는 건지 알아보려면 어떻게 하면 될까?

그 부품을 더 작게 해부하거나 내부 구조를 현미경으로 들여다본들 여러분 눈에는 기묘한 층판 구조만 보일 뿐, 의문에 대한 해답을 얻을 수는 없을 것이다.

그렇다면 어떻게 하면 좋을까? 가장 간단하면서도 효과적인 방법은 그 부품을 빼보는 것이다. 그 다음 텔레비전이 어떻게 되는지를 지켜보면 된다. 부품이 빠지는 순간, 텔레비전의 음성이 꺼졌다면 그 부품은 소리를 내는 일에 관여하고 있다고 추정할 수 있다. 만약 화면에서 색이 사라졌다면 그 부품은 화면에 색을 입히는 데 어떤 역할을 하고 있음에 틀림없다.

원리적으로는 이것과 똑같은 일을 생물학의 세계에서 실현했다. 바로 이를 가능하게 하는 기술을 만들어낸 것이 앞에서 언급한 세 명의 박사다.

생명체의 형태를 만들어 내는 작은 '부품', 텔레비전의 트랜지스터나 콘덴서, 발광다이오드(LED)에 상당하는 부품은 생물체로 말하자면 단백질이다. 사람이나 마우스 같은 포유동물의 경우, 약 2만 수천 종류의 단백질이 세포 안팎 여기저기에서 각각 생명 활동을 연출하고 있다.

그러므로 생명의 신비를 벗기는 일은 곧 각각의 부품, 즉 단백질의 역할을 규명하는 일이 된다. 우리 같은 분자생물학자가 하는 일이 바로 이런 것이다.

단백질 설계도의 재설계

어떤 단백질이 생명현상에서 어떤 역할을 하느냐. 이것을 알아내기 위한 가장 직접적인 방법은 그 단백질이 존재하지 않는 상태를 만들어 그때 생명에 어떤 문제가 발생하는가를 알아보면 된다.

단, 텔레비전처럼 어떤 부품 하나만 빼면 되는 그런 간단한 작업은 아니다. 단백질이 텔레비전의 다이오드나 트랜지스터와 가장 크게 다른 점은 동일한 단백질이 분자 수로 따지자면 수만, 수억 개나 존재하며, 신체에 골고루 분포되어 있다는 사실이다.

트랜지스터 하나만 쏙 뽑아내는 것과는 차원이 다른 것이다. 생체 내에 산재하는 수억 개의 분사를 일제히 '존재하지 않는 상태'로 만들어야만 이상이 발생하는 모습을 관찰할 수 있다.

원래 어떤 개체가 수억 개나 있으면 그 수가 어느 정도 줄어든다고 해서 부족을 실감하지는 못한다. 제로, 혹은 한없이 제로에 가까운 상태로 만들지 못하면 이상 사태를 만들지 못하는 것이다. 하지만 과연 생물 체내에서 이런 일이 일어날 수 있을까?

앞의 세 박사는 어떻게 하면 특정 개체가 제로인 상태를 만들 수 있을까 생각했다. 단백질 자체의 존재를 없애려 하지 말고 그 단백질의 설계도를 파괴하면 되지 않을까? 그렇게 하면 단백질을 만들어내지 못하니 제로 상태라 할 수 있을 것이다.

단백질 설계도는 DNA 상에 암호의 형태로 쓰여 있다. DNA는 말하자면 카세트테이프(이제는 역사 속으로 사라졌지만)와 같은 마이크로 차원의 끈 형태로 된 정보기록 매체로서 세포 내의 핵이라 불리는 격납고 안에 차곡차곡 접힌 채 보관되어 있다.

그리고 카세트테이프 상의 자기(磁氣)에 음악이 한 곡씩 녹음되어 있는 것처럼 DNA의 끈 위에도 연속된 화학 물질의 형태로 단백질 정보가 개별적으로 기록되어 있다.

그러므로 카세트테이프를 잘라 곡을 편집하는 것처럼 아주 작은 가위를 이용해 DNA의 끈으로부터 특정한 정보 부분을 잘라낸 후, 양 끝을 원래대로 이어놓으면 잘라낸 부분에 기록되어 있던 단백질의 정보를, 적어도 이론적으로는, 소거할 수 있는 것이다.

단, 설계도 파괴는 가장 초기인 마스터 테이프의 단계에서 이루어져야 한다. 우리의 몸은 60조가 넘는 세포로 이루어져 있으며 그 세포 하나하나가 설계도=DNA를 가지고 있다. 모든 세포의 모든 DNA로부터 설계도의 정보를 소거하지 않는 한, 몸 전체로부터 어떤 특정 단백질을 완전히 지울 수는 없는 것이다.

60조 개의 모든 세포는 단 하나의 수정란이 세포 분열을 거듭한 결과 만들어낸 것이므로 '가장 최초의 시점' 즉, 수정란의 단계에서 원본 설계도의 일부를 소거해 두면 그 다음은 모두 그 복제품이 된다. 즉, 온 몸의 세포로부터 그 정보가 사라지게 된다.

하지만 수정란 상태에서 설계도=DNA를 한 번 제거함으로써 중요 사항을 소거한 후 다시 제자리로 돌려놓는, 이런 '스파이 대작전' 같은 위업은 그 누구도 성공하지 못했다. 아마 앞으로도 불가능할 것이다.

수정란은 선택된 난자와 선택된 정자가 합체된 순간에 탄생하며, 그 다음은 그야말로 순식간에 발생 프로그램이 가동된다. 프로그램이 한창 진행 중인 상태에서 조작적으로 개입하는 것은 불가능하며 만약 억지로 개입한다면 발생 프로그램은 치명적인 손상을 입을 것이다. 한참 음악을 듣고 있는 상태에서 카세트테이프를 편집할 수는 없지 않은가―.

카페키 박사와 스미시스 박사는 뭐 좋은 방법이 없을까 연구에 몰두하고 있었다. 그러던 중 에반스 박사가 획기적인 작품을 만들어냈다. 그것이 바로 ES세포다.

수정란을 '정지' 시키는 방법은 없는가

ES세포의 ES란 Embryonic Stem (cells)의 약자로 배아성 줄기세포를 말한다. 신문이나 뉴스를 통해 이 단어를 알고 있는 독자도 많을 것이며, 얼마 전에는 한국에서 ES세포 연구를 둘러싼 데이터 날조 등 대단한 스캔들도 있었다.

지금은 전 세계의 과학자들이 이 ES세포를 이용한 연구 분야에서 치열한 경쟁을 벌이고 있다. 그런데 그만큼 유명하고 장래성이 있는 ES세포란 과연 무엇일까? 그리고 에반스 박사는 어떻게 이 ES세포를 만들어냈을까?

정자와 난자가 만나면 수정란이라는 것이 생긴다. 그 순간 시계의 스위치에는 불이 들어온다. 그리고 한번 움직이기 시작한 시계는 즉각 발생 프로그램을 진행시킨다.

수정란은 곧 분열로 들어가 2개의 세포로 나뉘었다가 다시 한 번 분열하여 4개의 딸세포를 만들어낸다. 세포분열은 여기서 멈추지 않고 결국 수정란은 속이 텅 빈 공의 구조가 된다. 공 표면에 닿는 부분은 지금은 작게 분열된 세포군으로 가득 차 있다. 이런 단계를 초기배(初期胚)라 한다.

초기배 속에서 각각의 세포는 그 핵 안에 게놈 DNA를 가지고 있다. 이는 수정란이 가지고 있던 게놈의 정확한 복사본이다.

따라서 모든 세포는 같은 설계도를 갖게 되며 이 시점에서 각각의 세포는 어떤 세포로도 분화할 수 있는 만능성(다기능성)을 갖게 된다.

하지만—여기가 중요한 포인트인데—각각의 세포는 장래에 무엇이 될 것인지 알지 못하며 그들의 운명은 전혀 정해지지 않은 상태다.

게다가 세포군 전체를 내려다보며 어떤 세포가 무엇이 될지 조감하며 지휘하는 존재가 있는 것도 아니다. 그럼에도 불구하고 각 세포는 각자 서서히 전문화의 길을 걷기 시작한다. 그리고 어떤 세포는 뇌로, 어떤 세포는 근육으로, 또 어떤 세포는 피부로 분화되기 시작한다.

이 분화는 어떻게 결정되는 것일까? 굳이 의인화 해보자면 각 세포는 일단 주변의 '분위기를 파악한다'. 그리고 나서 자기가 무엇이 되어야 할지 분화의 길을 선택한다고 할 수 있다. 네가 뇌가 된다면 나는 척추가 되겠다. 네가 피부가 된다면 나는 그 하부의 지지조직이 되겠다는 식으로 말이다.

각 세포는 세포 표면의 특수한 단백질을 경유한 상호 정보 교환을 통해, 즉 '대화'를 통해 각자 어떻게 분화해 갈 것인지 서로 상대방을 통제 · 관리하면서 분화해 나간다. 그리고 이 프로그램은 항상 진행된다. 즉, 세포는 '멈추지 않는다'.

만약, 장래에 어떤 세포로도 분화할 수 있는 능력을 갖고 있으면서도 그 능력을 숨긴 채로 '멈춰 서 있는' 그런 세포가 존재해 준다면?

이것은 과학자들의 오랜 꿈이었다. '멈춰 서 있다'는 것은 물론 비유적인 표현이며 '분화 프로그램이 일시 정지해 있는 상태’라는 의미다. 그런 세포가 존재한다면 ‘멈춰 서 있는’ 사이에 어떤 처치를 할 수 있다.

예를 들면 텔레비전 안에 들어있는 부품을 빼보는 것처럼 말이다. 우리는 이런 작업을 통해 어떤 단백질이 어떤 역할을 하는가를 알 수 있다.

또한 그 세포를 연구하여 어떤 방향으로 프로그램을 재개시킬 수 있다면 필요한 세포를 자유자재로 만들어낼 수 있을지도 모른다.

논스톱으로 끊임없이 세포분열을 하는 초기배아를 멈추게 할 수 있는 좋은 방법은 없을까. 이 방법을 찾아 수많은 과학자가 시행착오를 거듭했다.

‘분위기 파악 못하는’ 세포

에반스 박사는 수정란이 발생을 시작한 뒤 얼마의 시간이 지난 후, 세포 분열이 상당히 진행되어 처음에는 하나였던 수정란이 수백 개의 세포로 이루어진 덩어리로 변한 어느 시점에서—이 시점에서는 어떤 세포가 장래에 무엇이 될지 아직 결정되어 있지 않다—세포 덩어리를 하나씩 떼어내 샬레에 키워보기로 했다.

샬레 안에는 세포가 필요로 하는 영양분을 함유한 따뜻한 체액과 산소가 준비되어 있었다. 사용된 세포 덩어리는 쥐의 자궁 안에서 수정란이 세포 분열을 거듭해 온 ‘배아’라 불리는 태아의 전 단계였다.

배아 내부에서 세포는 상호 커뮤니케이션을 하면서 장래에 신체의 어떤 부분을 담당할 것인가 역할분담을 결정해 간다. 이를 분화라고 하는데, 당연한 말이지만 세포 덩어리가 해체되면 세포 간의 커뮤니케이션은 그 순간 사라지게 된다. 하나하나씩 떨어져나간 세포는 주변의 '분위기를 파악할 수 없게 되는' 것이다.

지금 막 분화를 시작하려는 공 모양의 세포군을 인위적으로 해체한다면 대체 어떤 일이 일어날까? 상식적으로 생각해 보면 상호 작용의 실마리를 잃어버린 세포는 분화가 불가능해지고 갈팡질팡하다가 결국은 죽음을 맞게 될 것이다.

에반스 박사는 한 배아를 꺼내는 타이밍을 조절하거나 가능한 온화한 방법으로 덩어리 세포를 하나하나의 세포로 해체하는 등 다양한 방법으로 시도했다.

하지만 처음에는 아무 일도 일어나지 않았다. 발생 도중의 세포 덩어리로부터 떨어져 나온 세포는 곧 죽어버리고 만 것이다.

그래도 박사는 조건을 바꿔 실험을 반복하며 어떻게든 세포를 살려보려고 애썼다. 그리고 어느 날, 드디어 해체된 상태로도 샬레 안에서 살아있는 세포를 발견했다.

그 세포는 주변 세포와의 커뮤니케이션이 단절되었기 때문에 자기가 무엇이 되어야 할지 몰라 방황하고 있었다. 하지만 그러는 와중에서도 어떻게든 살아남아 있었고, 게다가 세포

분열 능력까지 보유하고 있었다.

분위기는 파악하지 못하지만 증식을 포기하지 않은 세포, 이것이 바로 ES세포다. 이 세포는 분열을 통해 수를 늘리기는 하지만 그 무엇도 되려고 하지 않았다. 분화 프로그램은 이 세포 안에서 멈춘 상태였던 것이다.

에반스 박사가 'ES세포를 만들었다'는 말은 이런 실험에 성공했고 '분화의 시계가 멈춘 채로 살아 있는' 세포를 얻었다는 뜻이다. 때는 1981년이었다.

인해전술

ES세포가 대단한 점은 멈춰선 채로 즉, 전문화(분화)를 위한 프로그램이 정지된 채로 있을 수 있다는 것뿐만 아니라, 한편으로는 끊임없이 증식하고 있다는 점이었다. 무개성의 ES세포는 샬레 안에서 무한하게 증식할 수 있는 것이다.

이와 같은 상태야말로 연구자들에게는 가장 바람직한 상태다. 왜냐하면 실험재료의 양을 걱정하지 않아도 되기 때문이다. 아니, 바람직하다기보다는 감사하다고 표현해야 옳을지 모르겠다.

ES세포를 활용해 그들이 하고자 하는 것은 '어떤 유전자의 설계도만을 골라 소거'하는 마이크로 차원의 외과 수술이었다. 이는 사람을 상대로 하는 외과수술과는 완전히 다르다. 상대인 세포에 직접 메스를 들이댈 수는 없는 것이다.

그렇다면 어떻게 하면 될까? 세포가 분열할 때 유전자의 복제 작업을 방해하는 물질을 뿌려 '우연히' 특정 장소의 유전자 정보가 소거되기를 기대해보는 수밖에 없다.

즉, 어쩌다 한 번, 지극히 드물게 일어나는 행운의 '우연'을 기다리며 찾는 것이다. 그 우연이 일어나는 빈도는 놀라우리만치 낮아 아마 1천만분의 1 이하의 확률일 것이다.

하지만 ES세포는 멈춰선 상태로 있어주는 데다 그 상태의 세포가 점점 증식까지 해준다. 실험 재료로 쓰일 세포가 수백만 개나 있다면 샬레 안에서 '우연'이 발생할 확률은 낮더라도 원하는 세포가 하나나 둘 정도는 탄생할 것이다. 간단히 말하면 '인해전술'이라는 방법론이 가능해지는 것이다.

물론 어떻게 표적으로 삼고 있는 정보가 소거된 세포를 찾는가 하는 문제가 있다. 바로 이 부분이 연구자의 실력을 가늠할 수 있는 대목이다. 소거된 정보 대신에 표식이 될 만한 것을 주입해 놓는 것이다.

연구자로서는 단 하나의 세포만이라도 성공해주면 그걸로 족하다. 그리고 마이크로 차원의 외과 수술에 성공한 단 하나의 세포를 찾아 그 세포가 분열을 통해 증식하기를 기다린다.

그러면 분열로 만들어진 모든 세포에는 오리지널 세포 게놈의 복사본이 그대로 전달되기 때문에 마이크로적인 외과 수술로 이루어진 데이터 소거는 모든 세포에 그대로 공통 적용되는 것이다.

ES세포를 배아로 재이식하면?

사실 ES세포의 위력은 지금부터다. ES세포한테는 일시 정지해 있던 프로그램을 재개시킬 수 있는 능력이 있는 것이다.

ES세포는 원래 수정란이 분열을 거듭해 어느 정도 세포 수가 증가한 포배(胞胚)라고 불리는 상태에서 선택되었다. 만약 그대로 포배의 일원으로 머물러 있었다면 세포 분화 프로그램이 진행되어 피부나 심장 등 그 어떤 전문 세포가 되었을 것이다.

그런데 배아로부터 분리되었기 때문에 프로그램이 일시 정지된 것이다. 그렇다면 ES세포를 다시 포배 속으로 되돌려 놓으면 어떻게 될까?

물론 그 ES세포를 꺼낸 원래의 포배는 이미 존재하지 않으므로 다른 포배를 준비하여 가는 유리 피펫을 이용해 그 포배 내부 공간에 ES세포를 흘려 넣어준다.

'분위기'를 읽지 못해 난감한 상태에 있던 ES세포는 다시 이웃 세포들을 얻었다. 주변 분위기가 나타난 것이다. 그러자 놀랍게도 ES세포와 그 주변 세포는 서로 정보를 교환하기 시작했다. 네가 거기를 담당한다면 나는 이쪽으로 가겠다는 식으로—.

포배로서는 '여분'이었을 ES세포는 다른 세포들(그것도 원래는 다른 개체의 세포)과 사이좋게 지내며 전체 속의 일원으로서 융합할 수 있게 된 것이다.

즉, 여분의 ES세포가 도중에 주입된 포배는 남아도는 부분

(여분)이 생기지 않은(물론 부족하지도 않은) 상태로 완전한 한 마리의 마우스의 형태로 이 세상에 나온 것이다. 나중에 이식한 ES세포는 결코 여분이 되지 않았고 전체의 일부가 되었다.

샬레 안에서 배양할 수 있는 ES세포는 주변의 '분위기'에 응해 무엇이든―간장이나 신장, 췌장, 심장 등―될 수 있다는 태세로 지시를 기다리고 있다.

만약 ES세포를 초기배아에 이식하지 않고 어떤 인위적인 자극을 통해, 예를 들면 어떤 호르몬을 주입함으로써 '다른 분위기'를 부여한 후 자유자재로 분화의 방향성을 결정할 수 있다면 그것은 정말 멋진 도구가 될 것이다.

이런 기술이 모든 의학 분야에 크게 공헌할 것임은 분명하다. 만약 인슐린을 생산하는 세포를 만든다면 당뇨병 치료에 도움이 될 것이며 신경 세포가 만들어진다면 치매 개선에 도움이 될 것이다. ES세포는 재생의료의 히든카드인 셈이다.

그래서 ES세포는 만능세포라 불린다. 하지만 ES세포만 가지고 하나의 개체를 만들 수는 없다. 하나의 세포로부터 하나의 개체를 만들 수 있는 것은 수정란뿐이다. 이런 의미에서 진정한 만능세포는 수정란밖에 없다고 할 수 있다. ES세포는 전체를 만들 수는 없지만 그 일부가 될 수는 있기 때문에 정확히는 다기능세포라 불려야 할 것이다.

암세포와 만능세포의 공통점

사실 우리는 예전부터 ES세포와 똑같은 특징을 갖는 또 하나의 세포를 알고 있었다. 바로 암세포다. 암세포는 일단 분화를 마친 후 생체 내에서의 자신들의 천명을 깨달은 세포다. 그 세포는 신체의 일부로서 자신의 역할을 다해 왔다.

그런데 우연에 우연이 거듭된 결과, 분화의 과정을 거슬러 올라가 미분화 단계로 돌아가 버렸다. 그리고 분열과 증식을 멈추지 않는 것이다.

이런 폭주성 세포가 몸 여기저기에 존재하며 다른 세포의 질서를 교란시키는 것이 바로 암의 정체다.

자신의 분수를 망각했지만 무한 증식을 멈추지 않는 세포. 이 점에서 암세포는 ES세포와 너무나도 닮은, 어쩌면 표리부동의 관계에 있는 세포라 할 수 있다.

우리가 만일 암세포에 다시 한 번 정기를 불어넣어 인체 조직의 일부로 분화해야 한다는 기억을 되살려 줄 수 있다면 우리는 암을 제어할 수 있을 것이다.

하지만 오랜 연구에도 불구하고 암세포로 하여금 다시 '분위기를 파악하게 하는' 데 성공한 사람은 아직 아무도 없다. 아마 현 단계의 ES세포나 iPS세포(ES세포와 동질이며, 배아 이외의 세포를 이용해 보다 간단히 만들어 낼 수 있다) 제어 능력은 암세포 제어능력 수준에 불과할 것이다.

이는 어떤 분화를 조절할 때 필요한 과학과 기술은 같은 성질의 것이기 때문이다. 즉, 암을 정복하겠다며 큰소리쳤던 과거의 용맹한 약속이 현재 지켜지고 있는 수준을 생각해 보면, 재생의료를 향한 장밋빛 약속의 미래도 예상해볼 수 있다. 그 정도밖에 지켜지지 못할 거라는, 그런 생각이 든다.

녹아웃 마우스의 완성

에반스 박사가 발견해낸 ES세포를 이용해 마리오 R. 카페키 교수와 올리버 스미시스 교수는 드디어 녹아웃 마우스를 만들어냈다. 어떤 특정 단백질을 갖지 않는, 즉 유전자 상으로 그 설계도가 파괴된 마우스를 말이다.

ES세포를 이용하면 유전자 상의 어떤 단백질 설계도를 파괴할 수 있을 뿐만 아니라 그 세포를 다른 배아에 이식하여 성체(成體) 마우스를 만들 수도 있다.

하지만 그 마우스를 구성하는 세포 대부분은 원래 포배의 세포가 전문화된 세포로 이루어져 있다. 즉, 그 마우스는 두 명의 교수가 원하던 녹아웃 마우스가 아니었던 것이다.

신체 조직의 일부, 예를 들면 피부의 어떤 부분 혹은 어떤 장기는 도중에 주입된 ES세포가 전문화된 세포로 만들어져 있으나, 다른 조직은 다른 개체의 녹아웃되지 않은 세포로 이루어져 있다.

즉, 그 마우스는 출처가 다른 두 가지 계통의 세포로 이루어진 '혼혈', 말하자면 '반 녹아웃 마우스'에 불과하다. 그렇다면 '완전한 녹아웃 마우스'를 만들기 위해서는 어떻게 하면 좋을까?

방법이 그다지 어려운 것은 아니다. 두 명의 교수는 털 색이 다른 두 가지 계통의 마우스를 이용했던 것이다. 즉, 갈색 마우스로부터 ES세포를 만들어 그것을 검은 마우스의 수정란에 이식했는데, 그 다음은 어떻게 되었을까? 흑갈색 마우스가 탄생하리라 기대하는 사람을 없을 것으로 믿는다. 몸의 일부가 갈색이며 나머지 부분이 검은색인 마우스. 즉, 2가지 색을 가진 얼룩이가 태어난 것이다. 갈색 부분이 ES세포에서 온 것이고 나머지 검은 부분이 검은 마우스의 수정란에서 온 것이다. 이렇게 두 개 이상의 배아에서 만들어진 개체를 '키메라'라고 부른다.

이 호칭의 어원은 그리스 신화에 등장하는 전설의 생물로 라틴어로는 키마이라(Chimaera)라고 한다. 키마이라는 사자의 머리와 산양의 몸체, 뱀의 꼬리를 갖고 있으며 입에서는 화염을 뿜어댄다. 요즘에는 게임 소프트웨어에도 등장하므로 아마 익히 알고 있는 사람도 많을 것이다.

자, 이제 이 두 가지 색의 얼룩이 키메라 마우스 가운데 갈색 털이 많은 마우스를 암수 한 마리씩 고른다. 그리고 갈색 부분의 세포는 ES세포에서 유래하므로 이 두 마리를 교배시킨다.

정자, 난자를 만드는 각각의 조직이 ES세포에서 유래되었기 때문에 태어날 새끼는 '완전한 녹아웃 마우스'가 될 것이다. 물론 이 역시 '인해전술'에 의존해야 하며 몇몇 커플을 만들어 짝짓기를 시도해야 한다. 그들의 번식력은 그야말로 왕성하다. ES세포에서 비롯됐다면 갈색 털을 가진 새끼가 태어날 것이므로 전신이 갈색인 마우스여야 합격이다.

이리하여 녹아웃 마우스가 탄생했는데 사용된 ES세포에는 '장치'가 되어 있었다. 게놈 안의 어떤 단백질 설계도가 소거되어 있었던 것이다. 텔레비전으로 말하자면 하나의 부품이 빠진 셈이다. 자, 이제부터는 어떤 일이 벌어질까?

'에비스마루 1호'에게 무슨 일이 일어났는가

혹시 췌장이라는 장기가 몸 어느 부분에 있는지 알고 있는가? 췌장은 복부 정 가운데, 명치 저 안쪽, 위 뒤편 즈음에 있다. 췌장은 평소에는 묵묵히 자신의 맡은 바 임무를 수행하며 지낸다.

췌장의 임무 가운데 가장 막중한 것은 소화효소를 생산하고 그것을 부지런히 소화관으로 분비하는 일이다. 이 소화효소 덕에 우리가 매일 대량으로 먹고 있는 음식물이 효율적으로 소화되고 흡수되어 영양이 된다.

나는 연구자로서 췌장이 어떤 작용을 하는지에 대해 흥미를 가지고 있었다. 췌장 세포는 소화효소의 생산과 분비를 위해 전문화되어 있다. 세포 안에는 작은 공 모양의 주머니가 많은데 그 안에는 소화효소가 가득하다. 현미경으로 들여다보면 마치 포도송이 같다.

포도송이 한 알 한 알은 세포 내부를 가로질러 이동하다가 세포 표면에 달하면 껍질 일부에 구멍이 생기면서 알갱이들이 사방으로 튄다. 이때 알갱이란 바로 소화효소이며 이들은 가는 관을 타고 소화관으로 운반된다.

나는 마이크로적 외과 수술을 하듯 이 포도알을 췌장세포 내부로부터 꺼냈다. 그리고 포도 껍질을 까고 속은 파내 버렸다. 내 관심은 소화효소가 아닌 그것을 감싸고 있던 껍질이었던 것이다.

왜냐하면 바로 이 얇은 막의 움직임이 췌장의 정밀한 기능을 담당하고 있기 때문이다. 어떤 때는 껍질이 동그랗게 말리면서 소화효소를 감싼다. 그런데 그런가 했더니 껍질이 쫙 갈라지면서 내용물을 세포 밖으로 방출해 버리다니. 껍질 상에 존재하면서 껍질의 운동을 조절하고 있는 극미세 부품을 발견한다면, 그 메커니즘의 수수께끼를 밝혀낼 수 있을 것이다. 나는 그런 생각을 했다.

나는 고생 끝에 껍질 위에 가장 많이 존재하는 극미세 부품, 즉 단백질 분자를 추출하는 데 성공했다. GP2라 불리는 단백질이었다.

그런데 이 GP2의 역할과 중요성을 증명하기 위해서는 어떻게 해야 할까?

그렇다. ES세포를 이용해 GP2의 설계도를 소거하여 녹아웃 마우스를 만들면 되는 것이다. GP2가 없는 마우스에는 대

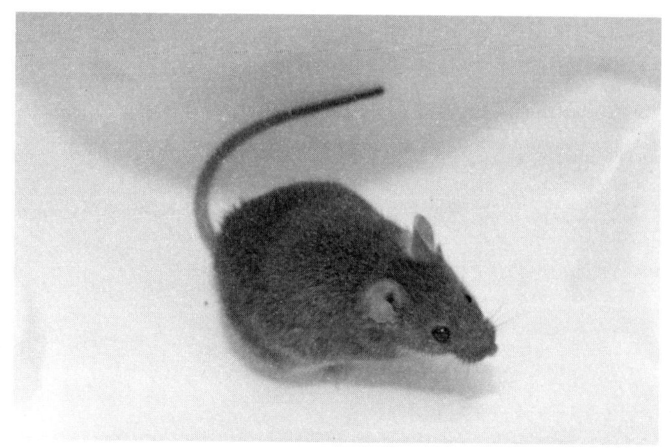

에비스마루 1호의 자손인 녹아웃 마우스. 벌써 에비스마루 1호의 10여 대손이 태어났다.

체 어떤 문제가 생길까―?

마우스의 췌장은 소화효소를 제대로 분비하지 못해 영양실조에 걸릴 것임에 틀림없다. GP2의 중요성을 증명할 수 있는 확실한 실험이다. 오랜 시간 거액의 연구비를 투입하여 우리는 GP2가 없는 마우스를 만들어냈다.

GP2가 녹아웃된 마우스는 오체만족의 상태로 태어났다. 우리 연구실에서는 이 베이비 마우스를 '에비스마루 1호' 라 명명하고 마른 침을 삼키며 관찰에 들어갔다.

에비스마루 1호에는 GP2라는 부품이 결여되어 있다. 만약 에비스마루 1호에 어떤 이상이 있는 것으로 밝혀지면 '그것은 GP2가 존재하지 않기 때문' 이었을 것이다. 거꾸로 말하면 '그 이상이 유발되지 않도록 하는 것이 GP2의 기능' 이라 결론지을 수 있게 된다.

그런데 에비스마루 1호는 무탈하게 성장했다. 영양실조에도 걸리지 않았고 당뇨병을 앓지도 않았다. 혈액 검사를 하고 현미경 사진을 찍었지만 특별한 이상도, 변화도 발견할 수 없었다.

솔직히 말하면 처음에는 낙담했다. 지금도 반은 그런 상태다. 이제 어느 정도는 '사실 바로 여기에 생명의 본질이 있는 건 아닐까' 하는 생각을 하기에 이르렀다.

나는 뭔가 중요한 것을 간과했던 것이다. '생명이란 무엇인가' 라는 기본적인 물음에 대한 인식의 일천함. 우리의 생명은 수정란이 생긴 그 순간부터 행진을 시작한다. 이는 시간의 축에 따라 흐르는, 과거로 되돌릴 수 없는 일방통행의 과정이다.

다양한 분자, 즉 생명현상을 관장하는 초미세 부품은 어떤 특정 장소에 특정한 타이밍을 기다렸다가 만들어진다. 거기에는 새로 만들어진 부품과 지금까지 만들어진 부품 사이에 상호 작용이 생겨난다.

그 상호 작용은 항상 이합과 집산을 반복하면서 네트워크를 넓혀나간다. 그 과정에서 특정 장소와 특정 타이밍에서 만들어졌어야 할 부품 하나가 출현하지 않은 경우 어떤 사태가 발생할까?

생명은 어떤 방법으로든 가능한 한 그 결함을 보완하려 한다. 백업 기능을 발동시키거나 혹은 우회도로를 개척한다. 그리고 전체가 완성된 다음에는 어떤 기능부전도 발견할 수가 없다.

즉, 생명은 기계가 아니다. 거기에는 기계와는 전혀 다른 다이너미즘이 존재한다. 생명이 갖는 유연함, 가변성, 그리고 전체적으로 균형을 유지하는 기능―그것을 나는 '동적인 평형상태' 라 부르고 싶다.

에비스마루 1호는 열심히 자손을 번식시켜 에비스마루 2호, 3호 등 자손이 늘고 있다. 우리는 계통이 끊이지 않도록 교배를 유지하면서 아직도 연구를 계속하고 있다.

만능세포는 재생의학의 히든카드?

ES세포는 장래에 어떤 장기, 어떤 조직으로도 발달할 수 있고 분화할 수 있는 것으로 알려지면서 재생의학의 히든카드로서 최첨단 의료기술을 추진하고자 하는 관계자들의 뜨거운 기대를 한몸에 받고 있다.

때문에 ES세포에 관한 뉴스가 나오면 금방이라도 곧 터질 듯한 부푼 꿈들을 얘기한다. '자신의 세포로 ES세포를 만들고 그것을 분화시켜 재이식하면 거부반응이 없는 완전한 자가이식을 실현할 수 있다' 고 말이다.

당뇨병에 걸리면 랑게르한스섬 세포를 보충해주고, 뇌세포가 감소하면 ES세포로 신경세포를 만들어 머리에 이식하면 될 것이다. 혹은 '결국 인간은 노화로부터 해방될 것이다'

라고. 정말 이런 일들이 가능할까?

사실 ES세포든 복제 기술이든 테크놀로지의 내부는 완전한 블랙박스다. 몇 번이고 실험을 거듭하다가 우연히 어쩌다 한 번 고대하던 결과를 얻었을 뿐, 왜 그렇게 되는지, 정말 좋은 결과가 나온 건지, 과학자들은 메커니즘을 이해하고 있지 못할뿐더러 기술 자체도 조절할 줄 모른다.

그들은 방대한 시행착오를 통해 탄생한 우연을 두고 성공한 예라고 부르고 있을 뿐이다. 복제양 돌리도 면밀한 준비와 실험 계획 하에 핵 이식된 난자가 277개. 이 가운데 임시 대리모의 수란관에서 제대로 발생이 진행된 것은 29개이며, 이것이 13마리의 대리모 양에게 이식되었지만 한 마리만이 임신에 성공해 돌리가 태어났다.

돌리는 순조롭게 성장했고 어느 모로 보나 정상적인 양으로 자랐지만 원인불명의 병으로 죽고 말았다. 보통 양의 수명에 비해 절반밖에 살지 못했다. 돌리의 몸 어딘가에 아주 작은 이상이라도 있었던 걸까?

ES세포는 세포로서 취급하면 되기 때문에 보다 범용성, 응용성이 높다고 여겨진다. 분명 다양하고 특수한 세포로 분화되기는 한다. 하지만 중요한 것은 아직 그 누구도 ES세포를 의도적으로 조절하여 임의의 전문세포로 분화시키는 데 성공하지는 못했다는 점이다.

ES세포는 자기 혼자서는 완전한 개체로 분화 · 발생할 수 없으나 다른 세포의 도움을 빌린다면 개체를 만들 수 있다. 실제로 동물 실험 단계에서 ES세포는 그런 형태로 이용되고 있다.

하지만 ES세포의 분화 과정이 완전히 블랙박스 상태라는 점에는 변함이 없다. 나는 이런 생명 조작 기술은 어디까지나 생명의 메커니즘을 탐구하기 위한 기초연구에 한정되어야 한다고 생각하며 상업적으로 이용되거나 성급한 의료 목적으로 사용되는 데는 반대한다. 유전자나 생명을 조작하는 생명과학 연구는 일종의 불가능성을 증명하는 것으로 결말을 맺는다고 생각하기 때문이다.

이는 생명이라는 과정이 어디까지나 시간의 함수이며 그것을 거꾸로 되돌리기란 불가능하다는 뜻이다.

인간 게놈 계획은 인간의 세포에서 활동하는 유전자의 수가 약 2만 개임을 알려줬다. 즉, 사람은 고작 2만 종의 부품으로 이루어졌다는 것이다.

하지만 이는 사람이 2만 종의 부품으로 이루어진 정밀한 조립품이라는 뜻은 아니다.

지금은 바이오테크놀로지를 활용해 이 2만 종의 부품을 인공적으로 만들어낼 수 있다. 하지만 그것을 시험관 안에서 혼합했을 때 거기서 새로운 생명이 완성되느냐, 하면 절대 그렇지는 않은 것이다.

여기서 부족한 것은 생명에 있어서의 '시간' 이라는 관념이다. 타이밍과 부품은 시간을 따라 조직화 된다. 각각의 시점에서 발생하는 그 모든 것은 그 순간에만, 단 한 번만 나타나는 현상이며 불가역적이다. 이를 억지로 헤집어서 재프로그래밍 단추를 누르려는 것이 바로 복제 기술이며 ES세포 기술이다.

시간에 조작을 가한다면 우리는 그만큼 어딘가에서 그 대가를 치러야 할 것이다. 그것이 ‘동적평형’ 의 역할이므로.

제6장

사람과 병원체의 싸움
— 끝없는 숨바꼭질

옮는 병과 옮지 않는 병

말라리아라는 병이 있다. 학질모기가 매개하는 말라리아 원충에 의해 발병하는 전염병인데 제2차 세계대전 중에는 동남아시아에 주둔 중이던 일본군을 꽤나 괴롭혔다.

영어로는 malaria라고 쓰는데 mal은 '나쁘다', aria는 '공기'라는 뜻이다. 원인이 밝혀지지 않았던 시대, 말라리아는 '나쁜 공기'를 들이마심으로써 발생하는 질병으로 여겨졌던 것이다.

이는 말라리아에만 국한된 얘기가 아니라 고대는 물론 19세기 중반까지 모든 질병이 '나쁜 공기'나 '나쁜 물'이 체내로 들어왔기 때문에 발생한다고 여겨졌다.

이를 미아즈마(miasma)설이라고 한다. 미아즈마란 그리스어로 '불순물' '오염' '추악함' 이란 뜻인데, 일본어로는 '장기(瘴氣)'라고 번역되었다. '장기'란 뭔가 좋지 않은 기체 혹은 안개 같은 에어로졸 상태의 물질인데, 질병은 그로 인해 유발되며 말라리아는 그 대표적인 예라고 말이다.

그리고 중세에 이르러 유럽이나 미국에서 천연두나 페스트, 매독 등 다양한 전염성 질병이 크게 유행하자 이젠 미아즈마설만으로는 설명이 불가능해면서 여기에 컨테지온(contagion)설이 더해졌다. Conta는 접촉이라는 뜻으로 컨테지온은 접촉감염을 뜻한다.

물론 질병 가운데는 옮지 않는 것도 많다. 당뇨병, 고혈압, 신장염, 암 등과 같이 그 원인이 병원체가 아닌 병은 옮지 않는다.

그런데 질병에 잘 걸리는 체질이 유전되는 경우는 있다. 또한 같은 환경에서 지냄으로써 동시에 여러 사람이 발병하는 일은 있을지 모르겠으나 병원체가 존재하지 않는 병은 그 환자 개인에게만 영향을 미치며 다른 사람에게는 전염되지 않는다.

전염병이란 병원체가 존재하며 그것이 사람에게서 사람에게로 옮는 병을 말한다. 따라서 전염병을 박멸하려면 일단은 병원체를 확인해야 한다. 그리고 병원체를 확인하면 그 병을 물리칠 수 있는 약도 찾을 수 있다.

모리 오가이의 실수

러일전쟁 중에는 3만 명 가까운 병사가 각기병으로 죽었다. 각기란 비타민B1의 결핍으로 인해 발생하는 병인데 당시에는 발병의 메커니즘이 밝혀지지 않았다. 다만 경험적으로 음식, 즉 영양이 원인일 거라 짐작한 사람은 있었는데, 바로 해군 군의관이었던 다카기 가네히로(高木兼寬)다.

다카기는 각기병의 원인을 일종의 영양소 결핍일 거라 생각하고 해군의 식사를 개선했다. 구체적으로 말하면 백미였던 주식에 보리를 섞어 보리밥을 제공했던 것이다. 이로써 해군은 각기병을 진압할 수 있었다.

그런데 육군에서는 '각기병은 병원체에 의한 것이다' 는 설이 지배적이었다. 당시, 육군 군의(軍醫)에서 높은 위치에 있던 제2군 군의부장 모리 린타로(森林太郎, 필명은 모리 오가이森鷗外) 등이 각기병은 세균이 일으키는 전염병이라고 주장한 것이다.

당연히 각기병의 원인을 둘러싼 논쟁이 있었으나 세균설을 주장한 오가이 등은 '각기균을 발견하지 못했을 뿐이다'라며 각기균 발견에만 정신이 팔려 보리밥으로 각기를 진압한 해군의 조언에는 귀를 기울이려 하지 않았다. 때문에 3만 명 가까운 육군 병사가 각기병으로 인해 죽어갔다.

각기 논쟁은 농예화학자인 스즈키 우메타로(鈴木梅太郎) 박사가 비타민B1을 발견(1910년)하면서 명확히 종지부를 찍게 되었다. 그는 쌀겨에서 항각기인자, 즉 각기를 일으키지 않는 물질로서 아베리산(훗날 오리자닌Oryzanin으로 이름을 바꿨다=비타민B₁)을 발견했다. 세계 최초로 비타민을 발견한 것이다.

모리 오가이는 그래도 각기병이 병원체로 인한 질병임을 추호도 의심하지 않고 "쌀겨 따위로 각기병이 낫다니. 농학자의 말은 믿을 수가 없다"고 말했다. 그리고 죽는 날까지 '각기균'에 대한 미련을 버리지 못했다고 한다.

세균학의 창시자 로베르트 코흐

모리 오가이가 그렇게까지 '각기균'에 집착했던 것은 '근대 세균학의 창시자'인 로베르트 코흐(Heinrich Hermann Robert Koch)의 영향 때문인 것으로 생각된다.

코흐는 1876년에 탄저균이 탄저병의 병원체임을 규명함으로써 세균이 동물의 병원체라는 사실을 증명했다. 이어 1882년에 결핵균을 발견하여 사람에게도 세균이 병원체로 작용함을 증명했고, 이듬해인 1883년에는 콜레라균을 발견했다. 그리고 1905년 결핵에 관한 연구로 노벨 생리학 · 의학상을 수상했다.

하지만 코흐가 발견한 콜레라균에 대해서는 이의를 제기한 학자도 있었다. 그는 뮌헨대학의 페텐코퍼(Max von Pettenkofer)라는 위생학자였는데 콜레라에 대해 미아즈마설을 주장했다. 콜레라의 원인은 열악한 환경이지 코흐가 발견한 콜레라균이 아니라고 주장한 것이다.

그리고 본인이 직접 콜레라균을 마시는 실험을 감행했다. 광우병 소동이 일었을 때 어느 나라의 정치가가 소고기의 안전성을 입증하기 위해 직접 시식을 한 적이 있었는데 마치 그런 상황이었던 것이다.

콜레라균을 마신 페텐코퍼는 심한 설사를 시작했다. 하지만 콜레라의 주된 증상인 탈수증상은 없었다. 설사를 심하게 하면 보통은 탈수증상이 동반되기 마련이지만 수분은 손쉽게 보충할 수가 있다. 아마 페텐코퍼는 엄청나게 많은 양의 물을 마셨을 것이다.

그는 탈수 증상을 일으키지 않았다는 이유로 코흐의 콜레라균설에 클레임을 걸기는 했지만, 훗날 다른 연구자의 실험으로 코흐가 옳았다는 사실이 입증된다.

모리 오가이가 도쿄제국대학 의학부 학생의 신분으로 공부에 힘썼던 시기에도, 육군에서 군의관 지도자로 복무할 당시도 의학계의 정점에는 세균학자 코흐가 거성처럼 반짝이고 있었다. 스무 살 남짓 연상인 독일인 의사 코흐를, 모리 오가이는 존경해 마지않았을 것이다. 그렇기에 그의 시선은 병원체인 세균에만 고정되어 있었고 영양소를 향하지 못했다.

코흐는 베를린대학에서 교편을 잡고 있었는데 그의 문하생들은 잇따라 병원균을 발견하여 세균학계에서 위대한 업적을 남겼다.

G. 가프키(Georg Theodor August Gaffky)가 장티푸스균을 발

견했고 프레드리히 뢰플러가 디프테리아균을 분리하는 데 성공했다. 에밀 베링(Emil Adolf von Behring)은 혈청요법 연구로, 파울 에를리히는 세균감염에 대한 화학요법으로 노벨 생리학·의학상을 수상했다.

그리고 기타사토 시바사부로(北里柴三郎)는 파상풍균의 순수배양에 성공, 파상풍균 항독소를 발견하고, 혈청요법(균체를 소량씩 동물에 주사하면서 혈청 중에 항체를 만들어내는 획기적인 방법)을 개발했으며 1894년에는 페스트균까지 발견했다.

기타사토가 베를린대학에서 연구원 생활을 하던 시절, 일본에서는 각기병의 원인을 둘러싸고 '각기균' 파와 '영양소' 파가 논쟁을 벌이고 있었다. 기타사토는 모교인 도쿄대학의 오가타 마사노리(緒方正規) 교수 등이 주장하는 '각기균' 설에 대한 비판을 표명한다. '각기의 원인은 세균이 아니다' 라고 말한 것이다.

기타사토의 이 말은 학문적으로는 옳았지만 모교와 은사를 비판했다는 이유로 그는 귀국 후 냉대를 받게 된다. 그런데 이때 그에게 손을 내민 자가 있었으니 바로 후쿠자와 유키치(福澤諭吉)였다. 후쿠자와는 사립 전염병 연구소를 설립하고 기타사토를 그 초대 소장으로 영입했다. 기타사토는 그곳에 기반을 두고 페스트균을 발견하는 등 업적을 쌓아갔다.

다이쇼(1912~1926) 시대에 접어들면서 전염병 연구소가 도쿄대학에 편입되자 기타사토는 소장직을 사임했는데, 당시 시가 기요시(志賀潔) 이하 전염병 연구소의 모든 직원이 그를 따라 일제히 사표를 제출하는 사건이 있었다. 기타사토는 사비를 털어 기타사토 연구소를 설립하고 시가 등과 함께 일파를 이뤘다(1914년). 그리고 1917년 게이오대학 의학부 창립에 온 힘을 쏟았으며 초대 학부장이 되었다.

종(種)의 차이란 무엇인가

다시 병원체 얘기로 돌아가보자. 병원체로 인해 유발되는 질병은 전염이 된다. 하지만 병원체가 존재한다고 해서 무작정 다 전염이 되는 것은 아니다. 기본적으로는 동종 사이에서만 전염이 이루어진다. 병원체는 이종 간에는 전염되지 않는다는 원칙이 있어 일반적으로 개나 고양이의 병이 사람에게는 옮지 않는 것이다.

그런데 이렇게 말하면 많은 사람이 광견병이나 광우병을 떠올릴 텐데 이런 병은 예외라 할 수 있다. 예외에 대해 설명하기 전에 원칙인 '종(種)의 벽'에 관해 좀 더 얘기하고자 한다.

나와 연배가 비슷한 분들은 기억하고 있을지 모르겠다. 예전에 텔레비전에 올리버라는 아주 영리한 침팬지가 자주 소개되던 때가 있었다. 올리버는 두 발로 걸어다녔고 담배를 피웠으며 맥주를 마시고 인간 여자에게 관심이 많았다.

올리버의 외모는 털도 별로 없고 얼굴도 납작하여 분명 일반 침팬지와는 다른 모습이었다. 올리버가 포획된 아프리카 콩고강 유역에서는 원주민과 침팬지가 같이 살고 있다는 설도 있어 올리버가 혹시 인간과 침팬지 사이에서 태어난 게 아닐까 하는 그럴싸한 추측이 나돌기도 했다.

그러다가 결국에는 올리버의 염색체는 인간의 46개와 침팬지의 48개의 중간인 47개라는 충격적인 데이터까지 등장했다.

하지만 곧 이는 사실이 아님이 밝혀졌고 소문도 잠잠해졌다. 결국 올리버는 침팬지 이상도, 혹은 그 이하도 아니었던 것이다. 사람과 침팬지 사이에서 생명이 태어날 수는 없다. 왜냐하면 거기에는 '종의 벽'이 있기 때문이다. 생물에게 '종'이란 그 둘 사이에 생식이 가능한가 아닌가를 의미하기도 한다.

여기서 오해하지 말아야 할 점은 우리가 흔히 말하는 '인종'은 본래의 종이 아니라는 점이다. 백인과 흑인과 황인종은 다른 '인종'이기는 하지만 같은 호모 사피엔스라는 단일한 종이다.

인종이 같은 종이라는 명백한 증거로 수많은 국제결혼이 성사되고 수많은 아기가 태어나고 있다는 점을 들 수 있다. 사람과 침팬지 사이에서 생식이 성립되지 않는 것은 정자와 난자가 결합할 수 없기 때문이다.

그렇다면 왜 종이 다르면 생식(즉, 정자와 난자의 결합)이 불가능한 것일까? 이 가부의 열쇠를 쥐고 있는 것은 정자, 난자 각각의 세포 표면에 존재하는 분자의 상호인식이다.

정자와 난자가 만나 수정란이 되기 위해서는 양자가 결합해야만 한다. 그 결합을 실행하는 것이 세포의 표면에 있는 초미세 단백질 분자인 것이다.

이는 마치 열쇠와 열쇠 구멍의 관계와도 같다. 동일한 종에서는 정자와 난자의 단백질 분자가 일치한다. 뒤집어 말하면 이것이 종의 동일성을 유지해 준다. 이를 전문용어로는 '분자의 상보성'이라고 부른다.

그렇다면 레오폰은 어떻게 된 걸까? 레오폰은 수표범과 암사자 사이에서 태어난 잡종인데 머리는 사자를 닮았고 몸은 표범을 닮았다. 레오폰(leopon)이라는 이름은 표범을 뜻하는 'leopard'와 사자를 뜻하는 'lion'의 합성어인 것이다.

종이 달라도 이렇게 새끼가 태어나지 않느냐고 반박할 수도 있겠지만 엄밀히 말해 표범과 사자는 종이 다르지 않다. 표범은 고양잇과 표범속(屬) 표범아종(亞種)이며, 사자는 고양잇과 표범속 사자아종이다.

즉, 종이 다른 게 아니라 아종이 다르다.

아종이란 종과 비슷하지만 종만큼 명확한 차이가 아니라는 의미다. 복잡한 분류법이라고 생각할지도 모르지만, 자연계는 인간의 분류에 따라 이루어진 게 아니라 자연계를 인간이 분류해 놓은 것이므로 딱 잘라 명확하게 분류할 수 없음이 당연한 이치다.

표범속 아종 간에는 레오폰 이외에도 인공교배를 통해 태어난 잡종이 몇몇 더 있다.

라이거(수사자와 암호랑이), 타이곤(수호랑이와 암사자) 등이 있는데 이들은 번식 능력이 없다.

카니발리즘을 기피하는 이유

이러한 동종 간 분자의 상보성은 사실 병원체와 숙주의 관계라고도 할 수 있다. 어떤 병원체에는 특정한 숙주, 즉 감염될 수 있는 상대가 있다.

이는 병원체가 숙주의 세포에 붙어 침입할 때 정자와 난자의 결합과 마찬가지로 열쇠와 열쇠 구멍이 일치해야 한다는 것이다. 병원체란 오랜 시간에 걸쳐 숙주의 열쇠 구멍에 적합한 열쇠를 갖게 된 녀석들을 말한다.

꼭 맞는 열쇠를 갖게 된 병원체는 숙주 세포에 붙어 세포 내부로 몰래 잠입하기 위한 문을 연다. 그러므로 보통 어떤 종의 생물을 감염시킬 수 있는 병원체는 다른 종을 숙주로 삼을 수 없다. 열쇠가 맞지 않기 때문이다.

식물이 걸리는 병은 동물에게는 옮지 않는다. 곤충이나 물고기, 새의 병도 그리 쉽게 사람에게 옮지는 않는다. 이 모든 것은 분자 인식의 차이에 의한 '종의 벽' 덕분이라 할 수 있다.

대부분의 민족이 카니발리즘(인간이 인육을 먹는 풍습)을 금기시해 온 것은 우리를 병원체로부터 지키는 기능을 하는 '종의 벽'을 무시하는 행위이기 때문이라고도 볼 수 있다.

사람의 병은 사람에게 전염된다. 사람을 먹는다는 것은 먹히는 사람의 체내에 있는 병원체를 그대로 자기 몸속으로 이동시키는 행위다. 그 병원체는 사람의 세포를 뚫고 들어갈 열쇠를 가지고 있는 것이다. 그러므로 사람은 사람을 먹어서는 안 된다—.

파푸아뉴기니에 쿠루병(현지어로 '떨리다'라는 뜻)이라는 풍토병이 있었다. 쿠루병은 1950년대부터 60년대에 걸쳐 뉴기니섬 동부 고원지대에 사는 포어족 사이에 유행했던 병이다.

이 병을 연구, 박멸한 공로로 훗날 노벨 생리학·의학상을 수상한 사람이 바로 칼튼 가이듀섹(Daniel Carleton Gajdusek)이다. 현지를 직접 방문한 가이듀섹은 포어족과 함께 생활하며 그들의 언어와 문화를 익히면서 쿠루병으로 죽은 사람들을 해부했다.

그리고 그 병이 포어족 사이에 전해지는 어떤 의식으로 인해 전염되는 건 아닐까 추측하기에 이르렀다. 그 의식이란 죽은 사람의 뇌를 먹는 것이었다. 가이듀섹은 쿠루병의 병원체를 밝히지는 못했지만 이 카니발리즘 풍습을 폐지시켰다. 그러자 쿠루병은 한 세대가 끝나기 전에 거의 자취를 감췄다.

훗날까지 계속된 연구를 통해 쿠루병의 병원체는 프리온이라는 악성 단백질이라는 설이 제기됐고 지금까지 정설로 자리잡고 있다. 포어족은 죽은 자의 뇌를 먹는 풍습으로 인해 대를 이어 쿠루병의 병원체에 감염되어 왔던 것이다.

카니발리즘이라는 행위가 왜 생리적 혐오감을 유발하는가. 그 생물학적 근거를 생각해 봤을 때 병원체에 감염될 위험성이 매우 크기 때문임에 틀림없다.

항생물질의 발견

몇몇 질병의 원인이 세균임을 발견한 코흐는 이를 증명하면서 세 가지 조건을 제시했다. 소위 '코흐의 원칙' 이라 불리는 것이다.

① 어떤 특정한 질병에는 특정한 미생물(세균)이 발견된다.
② 그 미생물을 분리해 감수성 있는 동물에 감염시켜 같은 질병을 유발시킬 수 있다.
③ 그 병소부(病巢部)에서 같은 미생물이 분리된다.

지금은 이 세 가지 조건을 모두 만족하지 않는 병원체도 존재한다는 사실이 밝혀졌으나, 병원체와 사람 사이의 싸움에서 '코흐의 원칙' 은 금자탑이라 해도 좋을 지침(②를 분할하여 4원칙이라 부르는 경우도 있다)이었다.

이러한 코흐의 연구를 기초로 당시까지 인류에 큰 타격을 입혀온 전염병이 점차 극복되어 갔는데 탄저병, 결핵, 페스트, 콜레라, 천연두, 발진티프스 등이 그것이다.

이들 질병에 결정타를 날린 것은 현대 사회에서도 의료 현장에서 없어서는 안 될 약품인 항생물질이다. 항생물질이란 미생물에 의해 만들어지며 다른 미생물의 증식을 억제하는 물질의 총칭으로, 영국인 의사인 플레밍이 푸른곰팡이로부터 페니실린을 발견(1929년)한 것이 효시가 되었다.

플레밍은 어수선한 실험실에서 세균을 연구하고 있었다. 그러던 어느 날 실험 결과를 정리하고 있는데 전부터 실험 중에 있던 황색포도상구균 배양 샬레가 눈에 띄었다.

실험 중에 컨테미네이션(contamination, 의도하지 않게 곰팡이나 이물질이 혼입되는 일)을 일으킨 그 샬레에는 곰팡이가 피어 있었다. 흔히 있는 일이지만 결코 칭찬받을 얘기는 못된다. 청소를 게을리 하여 지저분한 방에서 실험을 해온 결과이니 말이다.

플레밍은 분명 한숨 섞인 눈빛으로 그 샬레를 바라보았을 것이다. 푸른곰팡이 집단 주위에만 황색포도상구균이 발생하지 않은 채 투명한 모습을 하고 있었다. 이런 일은 당시의 적지 않은 연구자들이 경험했을 테지만 여기서 플레밍의 뇌를 스치는 뭔가가 있었다. 푸른곰팡이가 생산하는 물질이 황색포도상구균의 성장을 방해하는 건 아닐까!

그는 이 푸른곰팡이를 액체배지에 키워 그 배양액을 여과해 보았다. 그리고 액체 안에 항균물질이 들어있다는 사실을 발견하게 된다. 플레밍의 예상대로 항균(항생)물질은 포도상구균이 증식할 때 활동하는 특수한 효소의 작용을 방해하고 있었던 것이다. 푸른곰팡이의 속명(屬名)인 Penicillium을 따서 이 물질을 페니실린이라 명명했다.

포도상구균은 사람의 피부에 흔히 존재하며 평소에는 '나쁜 짓'을 하지 않는데, 상처에 부착되면 그 부위에서 크게 번식하여 상처를 곪게 만든다. 페니실린은 이를 억제하는 능력이 있어 외상 등 외과적 치료에 아주 유효했다.

약으로 실용화되기까지 발견 후 10년 이상의 세월이 소요됐지만 제2차 세계대전에서는 수많은 부상병을 전염병으로부터 구할 수 있었다. 단, 일본에서 최초로 제품화된 것은 제2차 대전 말기였으며 의료 현장에 등장한 것은 전후였다.

페니실린 이후 다양한 항생물질이 발견되어 이전까지는 특효약이 없던 질병이 잇따라 극복되었다. 결핵균을 퇴치하는 스트렙토마이신은 그 대표적인 예이다.

제2차 대전 이전 결핵은 치료약이 없어 '죽음에 이르는 병' 이라 불리는 두려움의 대상이었고, 메이지, 다이쇼, 쇼와 전기의 문학자들은 결핵 환자를 주인공으로 한 작품(도쿠토미 로카德富蘆花의 《불여귀不如歸》나 호리 다쓰오堀辰雄의 《나호코菜穗子》등)을 많이 남겼다. 이런 현상은 외국에서도 마찬가지여서 결핵환자를 위한 고원의 요양소를 무대로 한 토마스 만의 《마의 산》(1924년)은 세계적인 유명세를 탔다.

하지만 1955년 이후가 되면서 이제 '결핵 문학' 은 자취를 감추게 된다. 스트렙토마이신으로 비교적 쉽게 결핵을 제압할 수 있게 되었기 때문이다.

끝없는 숨바꼭질의 시작

항생물질로 세균이 유발하는 모든 질병을 다 박멸할 수 있다면 이는 정말 축복 중에 축복이겠지만 현실은 그리 녹록하지 않았다. 세균도 살아있는 생물이므로 어떻게든 살아남기 위한 방책을 모색하는 법이다.

등장한 지 수십 년이 지난 다음에 스트렙토마이신이 듣지 않는 결핵이 유행하기 시작한 것이다. 항생물질은 병원균의 표면에 있는 세포막의 합성을 저해하고 증식을 방해한다. 이로써 병은 낫게 되지만 결핵균 가운데 스트렙토마이신을 전혀 두려워하지 않는 녀석들이 등장한 것이다. 페니실린이 듣지 않는 황색포도상구균도 등장했다.

대체 어찌된 일일까? 간단히 말하자면 그들은 진화한 것이다. 병원균은 진화를 통해 항생물질에도 견딜 수 있게 된 것이다. 세균은 단세포 생물이므로 그렇게 하고자 '생각'할 수는 없었겠지만, 방대한 양이 존재하며 번식하고 있는 병원균은 끊임없이 변화한다. 그 중에 우연히 이런 능력을 갖춘 세균이 출현한 것이다.

나도 들은 얘기인데, 그들도 '인해전술' 전략으로 항생물질에 대적할 수 있는 자손을 생산해낸 것이다.

일이 이렇게 되자 사람들도 가만히 있을 수만은 없었다. 스트렙토마이신이 듣지 않는 결핵균에 대해서는 이소니아지드나 리팜피신이, 페니실린이 듣지 않는 포도상구균에는 세팔로스포린과 같은 새로운 항생물질을 발견하여 의료 현장에 투입했다.

그러자 얼마동안은 신항생물질로 병원균을 퇴치할 수 있었다. 하지만 세균들 역시 만만치가 않았다. 셀 수 없을 정도로 많은 세균이 죽어나가도 살아남은 돌연변이가 세균 한 마리만 있으면 얼마든지 부활하고 만다.

그 내성균이 세포분열로만 증식하는 것은 아니다. 가까이에 있는 세균과 DNA를 주고받기 시작한다. 즉, 내성균은 내성을 가지고 있지 않은 균에게 자신이 획득한 DNA를 나눠주는 것이다.

이리하여 지금은 복수의 항생물질에 대해 내성을 갖고 있는 다제(多劑)내성균이 많아졌다. 강력한 항생물질인 메티실린에도 끄떡없는 메티실린내성황색포도상구균(MRSA)이 그 대표적인 예인데 병원내 감염 뉴스에 종종 등장한다.

그리고 최강의 항생물질인 반코마이신 역시 무너지고 말았다. 반코마이신내성균(VRE)이 출현한 것이다. 그리고 이 '인해전술' 전략으로 인해 결국에는 '종의 벽'을 넘을 수 있는 녀석들까지 출현하고 말았다.

'여과성 병원체'의 발견

19세기 후반, 코흐와 그의 제자들이 잇따라 병원균을 발견함에 따라 병원체는 모두 세균이라고 여겨졌으나 20세기를 얼마 남겨두지 않은 시점에서 세균이 아닌 병원체가 발견되었다.

담배모자이크병을 연구하던 러시아 과학자 드미트리 이바노프스키가 세균보다 훨씬 작은 병원체가 존재한다는 사실을 밝혀낸 것이다.

당시 세균을 분리할 때는 유약을 바르지 않고 초벌만 구운 도기로 만든 여과기에 그 배양액을 여과시켰다. 세균은 이 초벌구이 도기의 미세한 구멍을 빠져나가지 못할 정도로 크다.

대략 0.5~5마이크로미터 정도. 이 크기가 대략 어느 정도인지 상상이 잘 안 될지도 모르겠는데, 보통 사람의 세포가 직경 30~40마이크로미터이며 이는 1밀리미터의 30분의 1이다.

세포가 사람의 주먹만 하다면 세균은 쌀알 정도 크기다. 이 0.5~5마이크로미터 정도의 세균이 초벌구이 도기의 틈새에 걸려 밑으로 빠져나가지 못하는 것이다. 당연히 도기를 통해 여과된 액체에는 세균이 남아있지 않게 된다.

이바노프스키도 이런 방법으로 담배모자이크병의 ‘병원균’을 여과, 분리하려고 했다. 그런데 도기 위에 남은 것을 현미경으로 들여다봐도 세균은 보이지 않았다. 그리고 여과된 액체를 담배(잎)에 뿌리자 모자이크병이 발생했다.

즉, 담배모자이크병의 병원체는 도기 조각의 미세한 구멍으로 빠져나간 것이다. 이바노프스키는 당연히 여과된 액체를 슬라이드글라스 위에 놓고 현미경으로 조심스럽게 관찰했다. 분명 뭔가가 있을 거라 기대하면서—.

하지만 그는 아무 것도 볼 수 없었다. 거기에 있어야 하는 병원체는 너무 작아 보이지 않았던 것이다. 하지만 분명 병원체는 존재할 터였으므로 그는 이를 ‘여과성 병원체’라 불렀다.

이 ‘여과성 병원체’를 시각적으로 확인하기 위해 우리는 전자 현미경이 등장할 때까지 기다려야만 했다. 세계 최초의 전자 현미경이 베를린공과대학의 막스 크놀과 에른스트 루스카에 의해 개발된 것은 1931년. 그리고 1938년에 지멘스가 제품화한 전자 현미경을 출시했다.

지금으로부터 70년도 더 된 얘기다. 전자 현미경이라고는 하나 그 성능은 현재 우리가 사용하고 있는 것과는 비교도 되지 않을 정도로 낮았을 것이다. 하지만 담배모자이크 바이러스의 결정화에 성공한 연구자들은 전자 현미경의 시야 안에 질서 정연하게 나열된 '여과성 병원체'의 모습을 확인할 수 있었다.

자기복제능력을 갖는 '물질'

이렇게 바이러스가 발견됨으로써 세균 이외에도 병원체가 존재한다는 사실이 밝혀졌다. 그리고 그 정체가 하나씩 밝혀지면서 연구자들은 큰 충격에 휩싸이게 되었다.

연구자들은 당초 '여과성 병원체'는 그때까지 알려져 있던 병원균의 극소판일 거라 예측하고 있었다. 어떤 아주 작은 세균일거라고.

그 크기는 30~50나노미터. 앞에서 들었던 예—사람의 세포를 주먹, 세균을 쌀알이라 한다면 바이러스는 볼펜으로 콕 찍은 점 정도의 크기에 불과하다. 그래도 '살아' 있으며 사람을 감염시키므로 세균의 일종으로 여겨지고 있다.

그런데 바이러스는 당시 생물학자들의 '생물'이라는 개념에 커다란 수정을 가하도록 압력을 넣기 시작했다. 바로 바이러스가 갖는 다음과 같은 특징 때문이었다.

① 비세포성으로 세포질을 갖지 않는다. 기본적으로는 단백질과 핵산으로 이루어진 입자다.
② 다른 생물은 세포 내부에 DNA와 RNA 양쪽 핵산이 다 존재하지만, 바이러스는 기본적으로 어느 한쪽의 핵산만 존재한다.
③ 다른 대부분의 생물 세포는 2n(2배체)이며 지수함수적으로 증식하는 데 반해, 바이러스는 1단계 증식한다(복제가 복제를 만든다).
④ 단독으로는 증식할 수 없다. 다른 세포에 기생했을 때만 증식이 가능하다.
⑤ 스스로 에너지를 생산하지 않는다. 숙주세포가 만드는 에너지를 이용한다.

세포는 생물의 기본적인 구성단위다. 동물이나 식물, 세균 모두 세포로 이루어져 있다. 하나의 세포가 독립적으로 살고 있는 단세포 생물부터 약 220종류, 약 60조 개의 세포 조직으로 구성된 사람에 이르기까지 참으로 다양한데, 생물은 세포의 활동으로 인해 '살아 있는' 것이다. 세포를 형성하고 있지 않다는 것은 활동, 즉 대사를 하고 있지 않다는 의미다.

그런 것—단백질과 핵산으로 이루어진 입자—을 생물이라 할 수 있을까?

이 점에 대해서는 저자의 졸저인 《생물과 무생물 사이》에서 이미 논한 바 있으므로 결론만 말하자면 책 제목처럼 생물과 무생물의 중간이라 할 수 있다. 바꿔 말하면 생물이라고도 할 수 있고 무생물이라고도 할 수 있다. 이는 우리가 '생물'을 어떻게 정의하느냐에 따라 달라질 것이다.

바이러스가 어떤 '생물'인지 간단히 스케치 해보도록 하자. 우선 '외모'부터 살펴보자. 핵산(DNA 혹은 RNA)이 단백질 껍질 속에 들어있는데 동종의 바이러스는 핵산과 단백질이 같다.

따라서 개체 차이가 전혀 없으며 기하학적인 모양을 하고 있다. 따라서 바이러스 입자가 규칙적으로 집합하면 결정(結晶)이 된다. 하지만 결정이 되어도 '죽지 않는다'. 생물인지 무생물인지 분명하지 않기 때문에 '죽는다'는 표현이 적절한지 어떤지는 모르겠지만 말이다.

그리고 대사활동을 전혀 하지 않는다. 즉, 영양분을 섭취하지 않고 배설도 하지 않는다. 호흡마저 하지 않는다.

이래서야 일반적인 상식으로는 생물이 아니다. 소금이나 철과 같은 물질에 가깝다. 하지만 놀랍게도 이 물질은 자기복제 능력이 있다. 번식을 하는 것이다.

숙주의 체내로 들어간 바이러스는 세포에 들러붙는다. 껍질 속의 단백질은 숙주의 세포 표면 단백질과 열쇠와 열쇠 구멍의 관계인 것이다. 그리고 바이러스는 스스로 핵산을 숙주의 세포 안으로 들여보낸다. 이 DNA에는 당연히 그 바이러스를 구축하는 정보가 적혀 있다.

숙주의 세포는 이것을 자신의 DNA로 착각하여 복제해버리고 만다. 그리고 DNA에 적힌 정보를 바탕으로 바이러스를 구축하는 재료(단백질)까지 준비해 준다. 이리하여 바이러스는 숙주의 세포 안에서 증식하다가 세포막을 뚫고 나온다. 그리고 또 다른 세포에 붙어 핵산을 침투시키는 방법으로 숙주를 병들게 하는 것이다.

종(種)을 넘나드는 바이러스

우리가 일반적으로 바이러스에 대해 취하고 있는 대책은 백신이다. 무독화한 바이러스(의 일부) 주사를 미리 맞아 항체를 만들어 둠으로써 바이러스가 침입해도 즉각 반격할 수 있도록 장치해둔다. 가장 많이 들어본 것은 아마 매년 많은 사람이 늦가을부터 초겨울에 걸쳐 예방 주사로 맞고 있는 인플루엔자 바이러스 백신일 것이다.

왜 매년 이 백신을 맞아야 하느냐 하면 매년 신종 인플루엔자 바이러스가 등장하고 있기 때문이다.

최근 수년 간 세상을 떠들썩하게 했던 뉴스 가운데 조류 인플루엔자라는 게 있다. 새들이나 걸리는 감기가 사람한테도 옮을 가능성이 있는 것이다. 앞에서도 말했듯이 병원체는

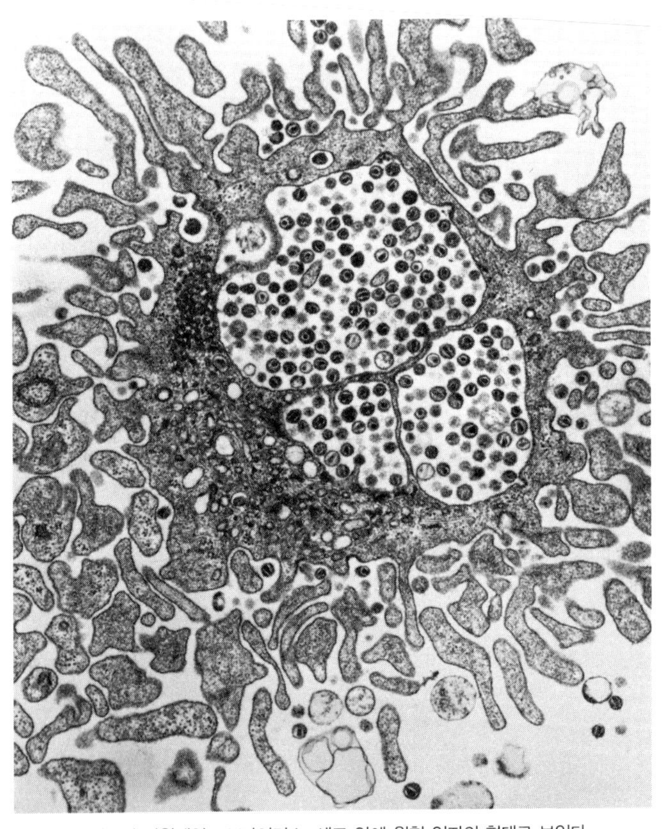

에이즈의 병원체인 HIV바이러스. 세포 안에 원형 입자의 형태로 보인다.

‘종의 벽’을 넘지 않는 게 원칙인데 이 원칙을 깨는 녀석들이 생겨난 것이다.

인플루엔자 바이러스의 생존 전략은 상당히 대담하며 교묘하다. 그들은 열쇠를 다시 만들 수가 있다. 말하자면 ‘열쇠 전문가’인 셈이다. 그리고 그들은 항상 다른 열쇠로 바꿔서 새로운 실험을 한다. 열쇠를 바꿈으로써 새로운 숙주에 침입할 수 있게 되는 것이다.

열쇠뿐만 아니라 자신들 몸에 휘감고 있는 외투도 조금씩 바꾼다. 외투란 바이러스의 본체인 DNA(핵산)를 감싸고 있는 껍질(단백질)을 말한다. 그리고 외투를 바꾸는 것은 외투를 바꿔 입음으로써 변장을 하여 백신을 무효화시키기 위함이다.

백신은 바이러스 껍질과 결합하여 이를 무독화하는 항체이므로 항체가 껍질과 결합하지 못하면 그 효력을 발휘할 수 없게 된다. 같은 인플루엔자라도 재작년과 작년, 올해에 유행하는 유형이 달라지면(외투를 바꿔 입으면), 같은 백신은 이제 효력을 상실하고 만다.

인플루엔자 바이러스는 증식 속도가 상당히 빠르기 때문에 증식할 때마다 조금씩 열쇠나 외투의 형태를 바꿀 수 있다.

주변에 이런 시도를 할 수 있는 새로운 숙주가 보다 많다면 바이러스에게는 더할 나위 없이 좋은 환경일 것이다. 대량의 닭을 폐쇄된 일정 공간에서 사육하는 근대 축산 형태는 인플루엔자 바이러스에게 진화를 위한 절호의 기회와 장소를 제공하고 있는 셈이다.

본인이 원해서 대도시에 살고 있는 우리 사람들도 마찬가지다. 도시화가 진행되고 인구가 한 곳으로 집중하면 할수록 바이러스는 흐뭇해할 것이다. 도시는 바이러스에 있어 천국이나 마찬가지다. 이리하여 그들은 조금씩 모습을 바꿔가며 숙주와 '공존공영' 하고 있다.

세균 감염을 예방하기 위해 인간은 항생물질이라는 약을 만들어냈다. 하지만 항생물질은 바이러스를 물리치지 못한다. 세균과 바이러스는 증식의 메커니즘도 감염 기구도 전혀 다르기 때문이다.

하지만 최근 바이러스를 이기기 위한 새로운 약이 나왔다. 바이러스의 열쇠보다 더 빨리 열쇠구멍을 차단함으로써 감염 확대를 방어하거나 거꾸로 가짜 열쇠 구멍을 만들어 바이러스를 함정에 빠뜨리는 약이다. 한 단계 더 나아가 바이러스가 숙주의 세포로부터 빠져나가지 못하도록 방해하는 약도 개발되었다. 타미플루가 바로 그것이다.

상당히 좋은 아이디어 아닌가. 그런데 최근에는 이 타미플루마저 효능을 발휘하지 못하는 인플루엔자 바이러스가 출현했다. 항생물질의 개발이 결국 세균과 끝없는 숨바꼭질을 하고 있는 셈이다. 어쨌든 바이러스는 세균보다 훨씬 손쉽게 자신을 변화시킬 수 있는 능력을 가진 존재다.

수수께끼의 병원체

21세기 들어 일본에서도 불거졌던 광우병(BSE) 소동을 많은 사람이 선명하게 기억하고 있을 것이다. 미국산 소고기 수입 문제가 일단 정치적으로 매듭지어졌기 때문에 어쩔 수 없이 '기억'이라는 표현을 쓰지만, 광우병과 그 예방대책은 우리가 지금도 현재진행형으로 직면하고 있는 문제다. 아무튼 그 병원체와 발병, 전염의 메커니즘이 아직 수수께끼로 남아 있으니 말이다.

광우병은 소의 뇌가 뭔가에 의해 손상을 입어 운동 장애를 일으키다가 결국에는 죽음을 맞는 그런 질병이다. 원래는 양한테 걸리는 스크래피병이라는 기괴한 병이 기원인데, 이것이 소, 사람, 고양이에까지 확대되었다. 사람의 경우는 발견자의 이름을 따서 크로이츠펠트 야콥병이라고 하는데 정식 병명은 종을 불문하고 전염성 해면상 뇌증이다. 이 병에 걸려 죽은 동물의 뇌를 조사해 보면 모두 퍼석퍼석하게, 즉 스폰지(해면)처럼 변해있기 때문이다.

도대체 어떤 병원체가 원인일까? 많은 연구자가 그 퍼석퍼석한 뇌를 분쇄해 세포 혹은 바이러스를 발견하고자 했다. 세균이라면 항생물질로, 바이러스라면 백신으로 대처할 수 있기 때문이다. 하지만 그 어떤 것도 발견되지 않았다.

영국의 과학자 D.R. 윌슨은 스크래피병에 걸린 양의 뇌에서 채취한 샘플에 각종 처리를 해서 병원체를 알아내려고 했다. 1930년대 후반부터 1950년대에 걸쳐 10년을 투자한 연구 결과, 그 병원체가 놀라운 성질을 가지고 있다는 사실을 밝혀냈다.

스크래피병의 병원체는 30분 동안 끓여도, 2개월 동안 동결시켜도 죽지 않았다. 각종 약품(살균제나 소독제)에도 강한 저항성을 가지고 있었다. 뿐만 아니라 멸균 필터를 빠져나갔으며 초원심분리기에 넣고 돌려도 침전되지 않을 정도로 작았다.

그리고 병원체를 통해 감염됨에도 불구하고 숙주에 면역반응이 전혀 일어나지 않는다(즉, 백신을 만들 수 없다).

이런 사실로부터 유추된 결론은 스크래피병의 병원체는 세균도 바이러스도 아니라는 것이었다. 그런 것이 존재하고 사람이나 가축으로 하여금 죽음에 이르도록 하는 병을 유발한다는 것은 당시 생물학의 영역을 훨씬 뛰어넘는 것이었다.

그래도 병원체의 정체는 미지의 비정상적인 바이러스가 아니겠느냐는 추측과 함께 잠복 기간이 길다는 점에서 '슬로우 바이러스'라 부르게 되었다.

이 '슬로우 바이러스'에 전리방사선을 쏘는 실험이 시도되었다. 방사선은 가속된 에너지의 입자다. 명중하면 바이러스는 죽게 된다. 핵산(DNA 혹은 RNA)을 파괴하기 때문이다.

방사선의 에너지와 병원체의 크기는 서로 관계가 있다. 표적의 크기가 크면 클수록 방사선은 명중하기 쉽다. 권총의 탄환이 사람은 죽일 수 있어도 모기를 죽일 수는 없는 것처럼 말이다.

영국의 방사선학자인 알퍼(Tikvah Alper) 박사는 에너지의 강도를 바꿔가면서 전자방사선을 스크래피병 병원체에 쏘았다. 어느 정도 강도의 방사선으로 병원체를 죽일 수 있는지를 알아봤던 것이다. 병원체를 비활성화하는 방사선의 에너지 강도를 알 수 있다면 병원체의 크기도 알아낼 수 있는 것이다.

실험 결과는 놀라웠다. 병원체의 크기는 당시 가장 작다고 알려진 바이러스의 1천분의 1 정도로 추측된 것이다. 일반 바이러스가 필요로 하는 유전 정보를 기록할 수 없을 정도로 작은 크기다. 이는 그 병원체가 바이러스가 아님을 말해주고 있었다. 알퍼 박사가 〈네이처〉에 발표한 논문의 제목은 「스크래피 병원체, 핵산을 갖지 않는 생물?」이었다.

만약 그 병원체가 핵산을 갖지 않고, 감염성이 있으며, 숙주의 체내에서 증식한다면 지금까지의 생물학의 센트럴 도그마—모든 생물은 자기 복제를 위해 유전자 핵산을 가지며 그 정보는 DNA→RNA→단백질과 같이 한 방향으로 흐른다—는 모두 부정되게 된다.

대체 그런 병원체가 존재한다는 말인가? 이 어려운 문제에 대해 유력한 하나의 답을 내놓은 사람이 있었으니, 그는 바로 영국 베드퍼드대학의 수학자 그리피스였다.

그리피스는 정말 수학자답게 알퍼 박사의 실험 데이터를 바탕으로 센트럴 도그마와 모순되지 않는 몇몇 모델 가설을 발표했다. 이 방정식에는 답이 여러 개일 수 있다고 말하듯이 말이다. 그리고 그 중 하나가 바로 이것이었다.

전염성 해면상 뇌증을 유발하는 원인은 원래 숙주의 체내에 있으며 보통은 그것이 진행되지 않도록 억제되어 있다. 스크래피병을 유발하는 병원체는 그 억제 장치를 풀고 발병하도록 작용하는 어떤 단백질이 아닐까.

변형 프리온 단백질은 흔적이다?

세균도 바이러스도 아닌 병원체에 '프리온' 이라는 이름을 지어준 것은 캘리포니아대학의 스탠리 프루시너(Stanley B. Prusiner) 박사다. 1982년 2월 19일자 〈샌프란시스코 크로니클〉에 「미세한 생명체 발견─기묘한 병원체가 중대한 질병과 관련」이라는 기사가 실렸고 프루시너 박사는 거기에서 단백질만으로 이루어진 새로운 타입의 병원체를 '프리온(prion)' 이라 불렀다. 프리온은 단백질성 감염 입자(proteinaceous infectious particle)의 약자다.

프루시너는 전염성 해면상 뇌증에 걸린 동물의 뇌를 정상적인 동물의 뇌와 비교해 봤는데 거기에 특유의 단백질이 있음을 발견했다. 그리고 이것이 병원체임을 직감하고 '프리온' 이라 명명한 것이다.

〈샌프란시스코 크로니클〉에 기사가 게재된 지 2개월 후, 프루시너는 〈사이언스〉에 논문을 발표하고 '6개의 독립된 또한 명백한 증거가 스크래피 병원체가 전염에 필요한 단백질을 포함하고 있음을 시사한다’ 고 적었다.

6개란, 병원체의 전염성이 하나의 단백질 분해 효소와 5개의 단백질 변성제에 의해 사라진다는 것인데, 이는 모두 이미 다른 연구자에 의해 밝혀진 내용이었다. 즉, 프루시너는 선배들의 연구 성과를 집약하여 거기에 ‘프리온’ 이라는 이름을 붙인 것이다.

질병에 걸린 개체의 뇌에서 특유의 단백질을 발견하여 그것을 정제한 후 그 분자량은 약 5만이라고 추정한 것이 프루시너의 업적이다.

그 후, 계속 연구를 진행한 프루시너는 프리온 단백질에 ‘정상형’ 과 ‘이상형’ 의 두 종류가 있음을 밝혀냈다. ‘정상형’ 은 건강한 동물의 체내에 있는 것이고 ‘이상형’ 은 전염성 해면상 뇌증의 병원체라고 했다.

프루시너의 설명에 따르면 병원체인 ‘이상형’ 이 체내에 들어와 체내의 ‘정상형’ 을 ‘이상형’ 으로 변형시키며, 이것이 핵산을 가지지 않는 병원체가 증식하는 메커니즘이라는 것이다.

이러한 공적을 인정받아 프루시너는 노벨 생리학·의학상을 수상했으나(1997년) 나 자신을 포함하여 프루시너의 연구에 의문을 품는 연구자는 적지 않다.

프루시너는 그가 병원체라고 생각하는 ‘변형 프리온 단백질’ 을 정제하여 그 전염성을 증명하려 했다. 즉, 건강한 동물에 그것을 주사하여 발병시키려 한 것이다. 프루시너뿐만 아니라 다른 연구자들도 개별적으로 같은 실험을 했다.

하지만 정제된 ‘변형 프리온 단백질’ 은 건강한 동물로 하여금 전염성 해면상 뇌증을 유발시키지 못했다.

이는 대체 무엇을 의미하는 걸까? 많은 연구자가 이환된 동물의 뇌를 부수고 갈아 그것을 건강한 동물의 체내에 주입함으로써 전염이 된다는 사실을 확인하고 있다. 환부에서는 특이하게 ‘변형 프리온 단백질’ 이 검출된다. 하지만 환부에서 추출한 ‘변형 프리온 단백질’ 을 정제해보면 거기서는 전염성이 발견되지 않았다―.

일반적으로 생각해 보면 이 ‘변형 프리온 단백질’ 을 병원체로 생각할 수는 없다. 이 책 ‘항생물질의 발견’ 에서 언급한 코흐의 3원칙 가운데 두 번째 조건을 만족하지 않는 것이다.

이 난해한 현상을 이해시킬 만한 논리가 존재하지 않는 것은 아니다. 하나는 ‘변형 프리온 단백질’ 이 전염성 해면상 뇌증의 병원체이지만 발병을 위해서는 미발견된 ‘뭔가 특별한 조건’ 이 필요하다는 관점.

그리고 다른 하나는 ‘변형 프리온 단백질’ 은 병원체가 아니라 질병의 결과로서 출현한 흔적이라는 관점. 이 경우는 전염성 해면상 뇌증에는 다른 병원체가 존재한다는 얘기가 되지만 말이다.

제7장

미토콘드리아 미스터리
― 모계로만 계승되는 에너지 산출의 근원

우리 체내의 또 다른 생물

어떤 세포라도 좋다. 현미경으로 들여다보면 우선 둥근 세포핵이 눈에 들어온다. 그 안에는 DNA가 차곡차곡 접힌 채 웅크리고 있다. 하지만 이런 모습을 일반적인 광학 현미경으로 확인할 수는 없다. 세포핵의 내부는 희부연 입자상의 용액으로 채워진 것처럼 보일 뿐이다.

그 다음 눈에 띄는 것은 세포 내에 산재해 있는 다수의 타원형 입자다. 자세히 보면 타원의 내부에는 전지된 영국식 미로 정원처럼 질서 정연하고 복잡한 문양이 보인다.

질서에는 미와 지성이 있다. 이 입자를 최초로 발견한 19세기 과학자 알트만(Richard Altmann)은 '생명의 본체는 이 입자에 있으며 세포는 그들이 자신을 지키기 위해 만들어낸 요새' 라고 생각했다. 이 타원형의 입자에 알트만은 그리스어로 '내부에 끈을 말아 넣은 것 같은 미립자(絲粒體)' 라는 이름을 붙여주었다. 바로 미토콘드리아다.

《패러사이트 이브》(국내에는 《미토콘드리아 이브》로 출간됐다)라는 호러 소설이 있다. 세나 히데아키(瀨名秀明)의 데뷔작으로 제2회 일본 호러소설대상(1995년)을 수상하여 화제가 된 바 있다. 영화와 드라마로도 제작되었고 게임 소프트웨어까지 발매되었으니 소설을 읽지 않았더라도 이 제목이 귀에 익은 사람도 많을 것이다.

줄거리는 인간의 세포 안에 존재하는 미토콘드리아가 반란을 일으킨다는 설정인데, 이는 말할 것도 없이 '미토콘드리아의 공생 기원설' 즉, 세포 내의 미토콘드리아는 그 세포에 의해 형성되는 생물과는 다른 생물이었다는 설에 기초한 작품이다.

우리 몸을 형성하고 있는 세포에 다른 생물이 공생하고 있다. 이는 한 개의 독립된 생명이라고 느끼고 있는 우리 자신이 사실은 복수의 생명으로 이루어진 집합체라는 사실을 의미하는 게 아닐까—.

포스(force)의 원천

미토콘드리아, 이 단어를 되뇌면 우리는 묘한 감각에 사로잡히게 된다. 그것은 미토콘드리아에 생명의 희미한 수수께끼가 내포되어 있기 때문인지도 모른다.

영화 〈스타워즈〉에서는 선택된 전사=제다이에게 초월적인 능력이 주어진다. 바로 포스(force)다. 제다이 마스터가 젊은 주인공 스카이워커에게 내리는 축복의 기도는 다음과 같다.

'포스가 함께 하기를 (May the Force be with you).'

〈스타워즈〉의 후속 시리즈에서는 이 포스의 원천으로 제다이의 몸에 깃든 미디클로리언이라는 것이 등장한다. 이는 분명 미토콘드리아에 빗대 만든 말일 것이다.

세포에서 미토콘드리아가 차지하는 역할은 분명 에너지의 생산, 즉 포스를 생산하는 것이다. 그렇지만 미디클로리언이 미토콘드리아라니, 서정적이며 낭만으로 가득한 〈스타워즈〉에 있어 다소 지나치게 직접적인, 상당히 가벼운 비유다.

자, 그건 그렇고, 미토콘드리아는 분명 생명의 본질과 관련된, 즉 산화됨으로써 에너지를 생산하는 입자다. 제다이가 아니더라도 모든 이의 몸 구석구석에 존재한다. 그 수는 세포의 종류에 따라 다르지만 많은 경우에는 하나의 세포 안에 수천 개나 들어있다.

인체는 약 60조 개의 세포로 이루어져 있으므로 우리의 몸에는 경(京) 단위의 엄청나게 방대한 수의 미토콘드리아가 서식하고 있다는 얘기가 된다.

미토콘드리아는 세포 내의 에너지 생산 공장이기 때문에 항상 활성 산소에 노출된다. 활성 산소는 양날의 칼로서, 때로는 미토콘드리아DNA에 상처를 입히는데 이것이 우리의

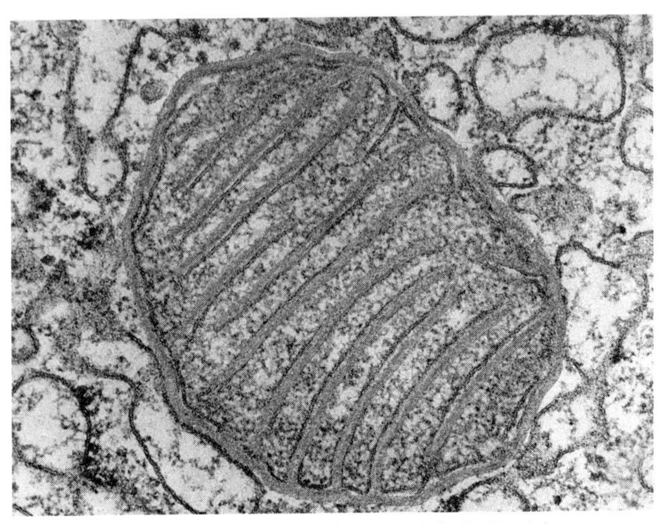

사람의 세포 안에도 존재하는 '별개의 생명체' 미토콘드리아.

노화 현상과 밀접한 관계가 있음이 최근 밝혀졌다.

미토콘드리아를 자세히 보고 있노라면 우리 생명의 미스터리가 풀린다. 진화도, 성의 발생도, 인류사도, 그리고 노화 역시 미토콘드리아에 의해 이루어진다.

하지만 그것이 처음부터 우리의 세포 안에 존재했던 것은 아니다. 또한 우리의 세포가 만들어낸 것도 아니다. 미토콘드리아는 우리의 세포에 기생(parasite)하는 다른 생명체였던 것이다.

왜 미토콘드리아가 다른 생명체였다고 말할 수 있는가. 그것은 미토콘드리아의 '체내' 에서 DNA가 확인되었기 때문이다. 이를 미토콘드리아DNA라고 부른다. 지금까지 여러 번

말해온 것처럼 생물은 DNA에 의해 자기복제를 한다. 따라서 DNA가 존재한다, 혹은 존재했다는 것은 그것이 독립된 생명이라는 것을 의미하는 것이다.

15번 퇴짜 맞은 논문

미토콘드리아는 태고 적에는 자율적인 세균이었다. 바다 속을 자유자재로 헤엄쳐 다녔다. 그러던 것이 어느 날, 대형 세포에 잡아먹히게 되었다. 하지만 마침 대형 세균 안에서 파괴되지 않고 살아남을 수 있었다. 살아남았을 뿐 아니라 대형 세균과의 사이에 기적적인 관계를 만들어낸 것이다.

미토콘드리아의 기원인 작은 세균은 자신의 산화 능력을 이용해 에너지(ATP)를 만들어 대형 세균에 공급했다. 숙주인 대형 세균은 소형 세균을 자신의 몸속에서 지켜주며 필요한 영양소를 모두 나누어 주었다.

그러므로 '미토콘드리아는 기생체' 라는 말은 정확하지가 않다. 기생은 편무적, 즉 기생하는 측이 일방적으로 숙주로부터 이익을 취하는 것을 말한다. 인간과 회충 등 기생충의 관계에서 알 수 있듯이 숙주에게는 피해만 있고 이득은 없다. 하지만 미토콘드리아와 그 숙주 세포는 서로 도움을 주고받으며 공생한다.

이 '미토콘드리아의 세포 공생설' 을 주창한 것은 보스턴대학의 여성과학자인 린 마굴리스(Lynn Margulis)였다. 그녀는 천

문학자인 칼 세이건의 아내로 세이건과의 사이에 두 명의 자식을 두고 있었으나 훗날 이혼했다.

자, 본론으로 들어가보자. 마굴리스는 1967년에 「유사분열하는 진핵세포의 기원」이라는 제목의 세포내 공생설의 중심이 되는 논문을 발표했다. 이 논문이 게재된 것은 〈이론생물학 저널〉이라는 과학잡지였다. 이론생물학이므로 〈네이처〉나 〈사이언스〉에 비하면 보다 전문적이면서 마이너적 위치에 있는 잡지다.

사실은 마굴리스도 〈네이처〉 같은 잡지에 발표하고 싶었을 것이다. 영국의 과학자 닉 레인이 쓴 《미토콘드리아—박테리아에서 인간으로, 진화의 숨은 지배자》에 따르면 마굴리스의 논문은 게재되기 전까지 15개의 학술지로부터 거절을 당했다고 한다. 그녀에게 있어 〈이론생물학 저널〉은 16번째 과학지였던 것이다.

모든 학술지는 논문 게재 여부를 심사하는 위원회가 있는데 위원은 학식이 풍부한 과학자나 과학 저널리스트들로 구성된다.

그녀의 논문에 퇴짜를 놓은 15개의 학술지 가운데 몇몇은 남편 세이건에 대해 비판적이었으며 그의 처인 마굴리스가 남편의 영향을 받았을 거라는 지적이 있었다는 건 쉽게 상상해 볼 수 있다.

칼 세이건은 시카고대학 출신인데 천문학과 천체물리학으로 박사 학위를 받은 과학자지만, 훗날 SF소설을 쓰기도 했고

처음에는 이단시되었지만 린 마굴리스의
'미토콘드리아의 세포 공생설'은 정설로 자리잡았다.

다수의 과학서와 SF소설 작가로도 유명한 칼 세이건.

NASA의 혹성 탐사를 지휘하기도 했다. 그리고 이 혹성 탐사 계획에서는 지구 외의 지적 생명, 즉 우주인에게 메시지를 전달하고자 시도했다.

세이건이 두 번(1984년, 1992년)에 걸쳐 전미 과학아카데미의 회원으로 추천을 받았음에도 불구하고 둘 다 '실적이 부족하다' 는 이유로 입회를 거부당했던 사실로 보아, 이러한 세이건의 태도는 아마 학회의 주류 과학자들의 눈에는 그다지 좋게 보이지 않았을 것이라 추측해볼 수 있다.

훗날 획기적이며 옳았다고 증명되는 학설이 발표의 장을 찾는 과정에서 곤란을 겪거나 발표 직후에 제대로 된 평가를 받지 못하고 이단 취급을 받는 경우가 종종 있다. 마굴리스의 논문이 15번이나 퇴짜를 맞은 것에 대해 그 원인이 '별난 남편' 에게 있었다고는 할 수 없을 것이다. 15번이나 퇴짜를 맞은 가장 큰 원인은 역시, 마굴리스의 설이 당시 생물학자들의 상식을 크게 뛰어넘었기 때문일 것이다.

엽록체도 별개의 생물이었다

자, 그렇다면 마굴리스는 〈이론생물학 저널〉에 게재된 논문에서 무엇을 주장했을까? 대략 살펴보면 다음 4가지로 집약된다.

① 세포 내에 존재하는 미토콘드리아, 엽록체, 중심체, 편

모는 세포 본체 이외의 생물에서 유래된 것이다.

② 산소 호흡 능력이 있는 세균이 세포 내에서 공생을 하며 미토콘드리아의 기원이 되었다.

③ 스피로헤타(spirochaeta)가 세포 표면에 공생한 것이 편모의 기원이며 여기서 중심체가 발생했다.

④ 남조(藍藻, 남색세균이라고도 불리는 진정세균)가 세포 내에 공생하며 엽록체의 기원이 되었다.

이 가운데 편모에 대해서는 오해였으나(편모에서는 DNA가 발견되지 않고 있다), 미토콘드리아나 식물의 세포 내에 있는 엽록체에 대해서는 현재 마굴리스의 설이 정설로 받아들여지고 있다.

즉, 진핵생물(세포 내에 세포핵을 갖는 생물—동물, 식물, 균류, 원생생물 등)은 미토콘드리아를 체내로 끌어들여 공생관계를 만듦으로 해서 한층 고등한 생물로 진화하기 시작한 것이다.

식물은 자신의 세포 안에 미토콘드리아와 함께 엽록체를 존재하도록 했다. 이로써 광합성을 하여 생존과 생장에 필요한 탄수화물을 합성하고 있는데, 그 엽록체 역시 미토콘드리아와 마찬가지로 원래는 별개의 생명체였으나 보다 더 큰 생명체에 삼켜지면서 공생을 시작한 것으로 알려져 있다.

엽록체의 정체에 관한 연구는 미토콘드리아 연구보다 좀 더 일찍 시작되었다. 얼추 따져보면 일단 1883년에 세포 내의 엽록체가 분열을 통해 증식한다는 사실이 지적되면서 공생체일 가능성이 시사되었다.

이미 DNA의 존재 자체는 분명했지만 그 기능이 규명된 것은 20세기 중반이 되어서였다. 엽록체는 '분열, 증식' 하는 현상 때문에 그것이 하나의 생물이며 식물의 세포와 공생하고 있는 게 아닐까 하는 추측을 낳았던 것이다.

'삼켜졌다' 는 흔적

당시 많은 학자가 세포 내의 소기관에 대한 연구를 시작했는데 앞에서 언급한 미토콘드리아의 명명자 알트만도 그 중 한 사람이었다. 알트만은 당연히 엽록체에 관한 논문을 읽었을 것이다. 그리고 1890년 미토콘드리아에 대해서도 공생체설을 주창하게 된다.

그리고 시대는 훗날 '유전자의 세기' 라 불리는 20세기로 돌입한다. 1944년, 오즈월드 에이버리(Oswald Avery)는 DNA가 형질변환의 원인물질이라는 점, 즉 유전자 본체라는 것을 강하게 시사하는 논문을 발표했다. 이어 1952년 허시(Alfred Day Hershey)와 체이스(Martha Cowles Chase)가 실험을 통해 이를 증명했다. 그리고 그 이듬해에는 왓슨과 크릭이 DNA의 이중나선 구조를 밝히게 된다.

미토콘드리아에 대해서는 1953년에 세포질유전(세포핵의 DNA에 의존하지 않는 유전. 핵 이외의 DNA의 존재를 시사하는 것이었다)이 발견되었고, 1958년에는 세포에서 추출한 미토콘드리아가 독자적으로 단백질을 합성할 수 있다는 사실이 밝혀졌다. 그리고 1963년에는 나스 박사 부부에 의해 미토콘드리아 DNA가 확인되었다.

독자적인 유전자를 가지며 그로 인해 독자적으로 단백질을 합성할 수 있으므로 그것은 거의 독자적인 생물이라 해도 좋을 것이다.

린 마굴리스는 이러한 몇몇 유전자 연구를 통해 미토콘드리아가 원래는 독립된 생명체인데, 그것이 다른 커다란 세포에 의해 삼켜진 것이라 주장했다. 그리고 '삼켜진' 흔적(이중세포막)을 제시했던 것이다.

미토콘드리아는 보다 큰 세포가 자신을 삼키기 전에, 일단 그 세포 표면의 움푹 팬 곳에 달라붙었는데 미토콘드리아는 아마 그곳이 편하게 느껴졌을 것이다.

생물에게 있어 외부로부터 몸을 지키는 일은 최대의 관심사다. 미토콘드리아는 보다 큰 세포의 표면에 움푹 패어 있는 그곳을 '안주할 곳' 이라 판단하고 그곳에 머무르기 시작했다. 혹은 그곳을 '안주할 곳' 으로 삼은 한 마리의 미토콘드리아가 있었다.

보다 큰 세포는 시간의 경과와 함께 미토콘드리아가 붙어 있는 팬 곳의 입구를 좁혀갔다. 그 표면(세포막)은 주머니 모양이 되다가 결국은 입구가 완전히 문을 닫았다. 이리하여 미토콘드리아는 세포 안으로 삼켜지게 되었는데, 미토콘드리아로서는 원래 그곳이 편했으므로 그 상태로 그곳에서 살았다.

이로써 미토콘드리아와 보다 큰 세포와의 경계에는 이중의 세포막이 존재하게 되었다. 미토콘드리아의 세포막과 보다 큰 세포의 세포막이 말이다.

마굴리스는 미토콘드리아를 감싸고 있는 이중 세포막의 존재를 공생설의 결정적인 증거라 주장했다. 15번의 퇴짜가 말해주듯 처음에 그녀는 이단자 취급을 받았다. 하지만 그 후 '미토콘드리아의 공생 기원설'을 보강하는 연구 성과가 잇따라 발표되면서 드디어 그녀는 생물학의 히어로(굳이 히로인이라 표현하지 않겠다)가 되었다.

미토콘드리아DNA, 모계를 추적하다

난자와 정자가 만나 합체할 때 정자에서 난자 안으로 들어오는 것은 DNA뿐이다. 정자의 미토콘드리아는 난자 안으로 들어가지 못한다. 그러므로 새로 만들어진 수정란 내부의 미토콘드리아는 모두 난자에서 유래된 모계의 것이다.

모계에서 비롯된 미토콘드리아는 수정란 안에서 분열하며 증식한다. 그리고 그것이 수정란의 성장과 더불어 각 세포로 배분되어 간다. 따라서 미토콘드리아는 모두 모계에서 유래된 것이라 할 수 있다.

그 미토콘드리아의 내부에는 세포핵 내의 게놈 DNA와는 별도로 고유의 DNA가 존재한다(그것은 분명 과거 세균이었던 시절의 유물일 것이다. 유물이라는 표현도 정확하지는 못하다. 미토콘드리아DNA는 지금도 활발하게 활동하고 있으므로).

즉, 미토콘드리아DNA는 반드시 모계로부터 자녀에게로 이어지며 부계에서 비롯되는 경우는 없다. 따라서 미토콘드리아DNA를 분석하면 그 사람의 모계를 추적할 수 있게 된다.

이 연구는 캘리포니아대학교 버클리캠퍼스의 레베카 캔과 앨런 윌슨에 의해 이루어졌는데, 그들은 가능한 많은 민족을 포함하는 피험자 147명의 미토콘드리아DNA의 염기 서열을 분석했다.

피험자들의 미토콘드리아DNA 염기 서열은 각각 달랐다. 하지만 전혀 무질서하게 다르지는 않았다. 공통적인 부분이 있거나 어떤 그룹은 특정한 방식으로 달랐던 것이다.

왜 이렇게 됐느냐 하면, 여러 대에 걸쳐 계승되는 사이에 미토콘드리아DNA에도 돌연변이가 발생하기 때문이다. 돌연변이는 언제 일어날지 알 수 없으며 어느 날 돌연히 일어나기 때문에 돌연변이라 불리는데, 시간 설정을 상당히 길게 해놓고 생각해보면 그 발생 빈도를 추측할 수 있다. 즉, 어떤 변이가 일어나는 것은 X년에 한 번 정도라고.

연구팀은 그 척도를 기준으로 피험자들이 갖는 변이를 분석하여 계통수(系統樹)를 만들었다. 그러자 인류의 계보는 크게 두 갈래로 나뉜다는 사실을 알았다. 한 그룹은 아프리카인으로만 이루어지는 계보이고, 또 다른 그룹은 아프리카인 일부와 기타 모든 인종으로 이루어지는 계보였다.

이는 이 두 그룹으로 나뉘기 전, 전 인류 공통의 선조가 아프리카에 있었음을 시사하는 것이다.

이렇게 설정된 인류의 선조인 한 명의 고대 여성에게 '미토콘드리아 이브'라는 이름이 붙여졌다. 이는 모든 인류가 아프리카에 살았던 한 여성의 미토콘드리아DNA를 계승하고 있다는 의미다.

단, 현재 살아있는 모든 사람이 동일한 미토콘드리아DNA를 가지고 있는 것은 아니다. 연구의 중요한 전제가 된 돌연변이가 발생했기 때문이다. 뒤집어 말하면 돌연변이가 발생하지 않은(발생한 확률이 상당히 낮은) 동일 모계의 근친자끼리는 이 미토콘드리아DNA가 동일하다.

미토콘드리아DNA를 활용한 범죄 조사

최근 범죄 조사에서는 DNA 분석을 활용하고 있는데 이때 미토콘드리아DNA가 중요한 역할을 한다. 아직 범인이 잡히지 않은 '세타가야 일가족 살인 사건'을 보도한 〈주간문춘〉(2009년 신년 특대호)에 이런 글이 있었다.

(조사)본부는 그(범인 DNA의) 감정을 전문가에게 극비리에 의뢰했다.

현재도 전 세계 과학자들과 연계된 DNA 데이터베이스를 통해 조회 중이다. 감정 결과는 정기적으로 본부로 전달되고 있다.

그리고 지금까지의 감정 결과에 기초해 범인의 '모습'을 처음으로 파악하게 되었다. '범인은 아드리아해 연안 민족에 모계의 뿌리를 둔 남자'.

범죄 조사에서 DNA감정은 세포 안에 있는 미토콘드리아DNA가 사용된다. 미토콘드리아DNA는 모계에서 유전되며 "이브에 이르기까지의 조상을 추적할 수 있다"는 농담도 있을 정도로 그 '정확도'가 높다.

하지만 주의해야 할 점은 이 감정이 '범인은 외국인, 혹은 모친이 외국인인 혼혈'임을 시사하는 것은 아니라는 사실이다. 확실한 것은 '아드리아해 연안 민족에 모계의 뿌리를 둔'이라는 사실뿐이다.

이는 범인의 모계만 계속 추적해가면 '아드리아해 연안 민족'의 여성이 출현한다는 의미이며 그것이 몇 대 위인지는 알 수 없다. 엄마일지도 모르고 100대 위의 할머니일지도 모른다.

가령 그 여성이 15대 위라고 하자. 범인의 1대 위의 조상, 즉 부모는 두 명이다. 2대 위는 할아버지 할머니까지 4명, 3대 위는 증조부 증조모까지 8명이다.

그렇다면 15대 위는? 2의 15승이므로 3만 2768명이 된다. 3만 명 이상의 선조 가운데 모계 중 한 명이 '아드리아해 연안 민족'이었다 하더라도 이런 감정 결과가 나오는 것이다.

1대나 2대 위라면 범인에게 '아드리아해 연안 민족'의 외형적 특징이 남아있을지도 모르겠다. 물론 그럴 가능성도 있다. 하지만 15대 위라면 '아드리아해 연안 민족' 의 피는 3만 2768분의 1로 희석된다. 따라서 외형적 특징이 남아있을 거라 생각하기는 어렵다.

아프리카에 존재했던 전 인류의 공통 태모

캘리포니아대학 연구팀은 아프리카에 살았던 미토콘드리아 이브에 도달했으나 그녀가 존재했던 시기를 약 16만 년 전, 플러스마이너스 4만 년으로 추정했다.

피험자들에게서 발견된 돌연변이의 흔적을 근거로 미토콘드리아 이브로부터 현대까지 몇 번의 돌연변이가 일어났는가를 유추하고 거기에 시간적 발생 빈도를 곱한 것이다.

단순하게 계산해보면, 미토콘드리아DNA의 돌연변이는 X년에 한 번 꼴로, Y회 발생한 것으로 추측되므로 미토콘드리아 이브는 X에 Y를 곱한 값 정도 전에 존재했다고 생각할 수 있다는 것이다. 그 값이 16만 년이며 추측 가능한 오차가 4만 년이다.

인류의 기원에 대해서는 지금까지 다양한 설이 있었다. 그리고 지금도 여러 가지 설이 존재한다. 이는 어떤 특징을 두고 사람이라고 정의하느냐에 따라 다르기 때문에 그 차이의 폭이 아주 크며 어느 것이 잘못된 설이고 어느 것이 옳은 설인지 판정할 수는 없다.

현재, '태고의 인류'라고 일컬어지는 것은 아프리카 중앙부에 위치하는 차드에서 발견된 사헬란트로푸스 차덴시스(Sahelanthropus tchadensis)이다. 600만 년에서 700만 년 전의 지층에서 '사람의 뼈'가 발견된 영장류로 '인류 700만 년의 역사'라고 할 때의 700만 년은 바로 여기서 유래한다.

이에 반해 신생 인류는 에티오피아에서 발견된 호모 사피엔스 이달투인데 약 16만 년 전에 살았던 것으로 추정된다. 이는 해부학적으로 거의 현대인과 비슷한 모습으로 진화되어 있어 '가장 오래된 현대인'이라 불린다.

미토콘드리아 이브의 '16만 년 전 플러스마이너스 4만 년'은 호모 사피엔스 이달투와 일치하며 미토콘드리아DNA의 연구 결과는 당시까지 전해져 오던 '인류의 아프리카 기원설'을 증명할 수 있게 되었다.

인류의 진화에 대해서는 세계 각지(자바원인, 베이징원인, 네안데르탈인 등)에서 현대인으로 진화했다는 다지역 진화설이 있다. 하지만 이들도 더 깊이 파고들어보면 아프리카가 그 기원이라는 점에서는 일치한다. '아프리카 기원설'과 '타지역 진화설'은 모순되지 않는다. 중요한 것은 '현생 인류의 조상이 언제 아프리카로부터 탈출했는가'이다.

예전부터 우리의 세포 안에 살고 있는 미토콘드리아는 전 인류 공통의 태모가 16만 년 전에 아프리카에 살고 있었음을 말해주고 있다.

제8장

생명은 분자가 '머무르는' 상태
— 쉰하이머가 시사한 것은 무엇인가

데카르트의 '죄'

몇 해 전 연말, 파리에서 겨울 휴가를 보낸 적이 있다. 나는 센강 왼편에 있는 카르티에라탱 지구, 모베르 뮈튀알리테 지하철역 근처의 싸구려 호텔에 머무르고 있었다.

호텔의 좁은 창 너머로는 에콜 거리에 가지런히 늘어선 그만그만한 층수의 낡은 아파르트망과 그 건너편에 있는 노트르담성당의 첨탑이 보였다. 파리는 지레 겁먹었던 것만큼 춥지는 않았으며 크리스마스를 맞아 거리에는 활기가 넘쳤다.

호텔에서 남쪽으로는 생 쥬느비에브라는 경사가 완만한 언덕이 있었다. 언덕이라고는 하지만 그다지 높지도 않았고 경사면에는 가로세로로 뻗은 좁은 길 양편에 건물이 꽉 들어차 있었다. 그리고 언덕 꼭대기에는 판테온이 우뚝 서 있었다.

판테온을 지나 좁은 길을 계속 따라 걷다 보면 이번에는 번화가이면서 완만한 내리막길이 나온다. 무페타르 거리다. 길 양편에는 베트남이나 중국 음식 재료를 파는 가게와 레스토랑이 눈에 띄게 많았다. 무페타르 거리로 들어서지 않고 광장을 지나 동쪽으로 약간 돌아가면 데카르트 거리라는 이름의 짧은 길을 만날 수 있다. 그렇다, 그 유명한 르네 데카르트가 이곳에 살았던 것이다.

정확히 말하면 데카르트의 집은 데카르트 거리가 아니라 안쪽으로 더 들어간 곳에 있다. 지금은 별다를 것 없는, 지극히 평범한 아파르트망이 되었지만 입구에는 데카르트가 머물렀던 곳임을 알리는 작은 명판이 걸려 있었다.

그 앞에 서서 건물을 올려다보고 있는데 마침 차가운 비가 떨어지기 시작했다. 우산을 준비하지 못했던 나는 황급히 코트 깃을 세우고 콩트레스카르프 광장까지 달려가 한산해 보이는 카페로 뛰어 들어갔다. 그리고 뜨거운 민트티를 마시면서 데카르트의 '죄'에 대해 생각했다.

상당히 오래 전 일인데, 나는 《휴먼 보디숍》(앤드류 킴브렐)이라는 책을 번역한 적이 있다. 제목은 휴먼 보디(인체)와 보디숍(자동차 판금板金 수리 공장)이라는 단어가 겹쳐 있어 마치 기계 부품을 수리 교환하는 듯한 느낌을 주는데, 생명 '부품'이 상품화되고 조작되기까지의 경위와 주로 미국의 상황을 르포 형식으로 적은 글이었다.

생명 부품의 상품화는 매혈이라는 형식에서 시작되어 급기

야는 장기 매매, 생식 의료의 핵심인 정자, 난자, 수정란, 그리고 세포로까지 파급되어 갔다.

현재 우리는 유전자로 특허를 받고, 만능세포를 재생 의료의 히든카드라고 선전하는 생명 공학 전성기의 한가운데에 서 있다. 우리가 이 정도로까지 생명을 부품의 집합체로 인식하고 그 부품은 교환 가능한 일종의—소유 가능한—상품이라고 여기게 된 배경에는 명확한 출발점이 있다. 바로 르네 데카르트다.

그는 생명현상은 모두 기계론적으로 설명할 수 있다고 생각했다. 심장은 펌프이며 혈관은 튜브, 근육과 관절은 벨트와 도르래, 폐는 풀무. 모든 신체 부위 시스템은 기계적 추론으로 이해할 수 있으며 그 운동은 역학에 의해 수학적으로 설명할 수 있다. 자연은 창조주를 내세우지 않고도 해석할 수 있다고 말이다.

이런 그의 주장은 당시의 모든 유럽 대륙을 순식간에 감염시켰다. 그리고 데카르트를 신봉하는 자들, 즉 카르테지앙(데카르트주의자)들은 그의 주장을 더욱 예리하게 갈고 닦았다.

데카르트주의자들은 말한다. 예를 들면 '개는 시계다' 라고. 개가 매를 맞으며 낑낑거리는 것은 몸속의 용수철이 삐걱대는 소리에 불과하다. 개 자신은 아무것도 느끼지 못하는 것이다. 개에게는 영혼도 의식도 없다. 그저 기계론적인 메커니즘이 있을 뿐이다—.

데카르트주의자들은 적극적으로 동물을 생체 해부하여 몸

의 구조를 기술하는 데 매진했다. 데카르트 본인은 인간과 동물 사이에 선을 그었지만 데카르트주의자 중에는 결국 그 선을 넘는 이들도 생겨났다.

18세기 초 프랑스인 의사였던 라메트리(유물론자로 알려져 있다)는 인간을 특별 취급할 어떤 이유도 없으며, 사람도 기계론적으로 이해해야 한다고 말했다.

현재를 사는 우리 역시 엄연히 그 연장선 위에 있다. 생명을 해체하고 부품을 교환하며, 발생을 조작하고 경우에 따라서는 상품화마저 마다하지 않는다. 유전자를 특허화하고 장기를 매매하며 세포를 조작하는 이런 일련의 움직임 뒤에는 데카르트적인, 생명에 대한 기계론적인 이해가 있다.

나는 이런 관념에 입각한 사고가 지금, 일종의 왜곡된 제도를 만들어내고 있다고 생각한다. 효율적으로 장기를 이식하기 위해 서둘러 죽음을 선고하고 만능세포 확립을 놓고 선점 경쟁을 벌이는 것이, 과연 우리들의 미래를 행복하게 만들어 줄 수 있을 것인가.

가변적이며 지속 가능한

카르테지앙에 대한 새로운 대항세력으로 나는 지금 두 가지 가능성을 생각해 본다. 하나는 생명이 본래 갖고 있는 동적인 평형 상태를 생명과 자연을 파악하기 위한 기본으로 삼는 것이다.

생명이란 무엇인가?

이 영원한 물음에 대해 지난 날 다양한 답변이 시도되었다. DNA의 세기였던 20세기적인 견해로 본다면 '생명이란 자기복제가 가능한 시스템' 이라는 대답을 얻을 수 있을 것이다. 분명 이는 상당히 간결하며 기능적인 정의였다.

하지만 이 정의에는 생명이 갖는 또 하나의 아주 중요한 특성이 제대로 반영되어 있지 못하다. 그것은 생명이 '가변적이며 영속적인 시스템' 이라는 예스럽고도 새로운 관점이다.

21세기, 환경의 세기를 맞이한 지금, 항상 생명과 환경을 생각하게 되는 시기에, 이 관점에 다시 주목함으로써 우리는 다양한 힌트를 볼 수 있다.

생명이 분자 단위에서도(그보다는 마이크로 단위에서는 더더욱) 순환적이며 영속적인 시스템이라는 것을 최초로 '목격' 한 사람이 바로 루돌프 쉰하이머다. DNA 발견보다 무려 10년이나 더 전(1930년대 후반부터 1940년대에 걸쳐)의 일이다. 하지만 생명관에 관한 이 코페르니쿠스적인 성과가 지금은 완전히 잊히고 말았다.

일본이 제2차 세계대전에 막 돌입하려던 무렵, 유태인 과학자인 쉰하이머는 나치 독일로부터 도망쳐 미국으로 망명했다. 그는 영어를 그다지 잘하지는 못했으나 연구자로서 뉴욕의 컬럼비아대학에서 일하게 되었다.

그는 마침 당시 입수하게 된 아이소토프(동위체)를 사용하여 아미노산에 표식을 했다. 그리고 이것을 사흘 동안 쥐에게 먹여봤다. 동위체 표식은 분자의 행방을 추적하는 데 아주 좋은 표시가 된다.

쉰하이머는 아미노산이 쥐의 몸속에서 연소되면서 에너지로 변하고 연소된 가스는 호흡이나 소변의 형태로 신속히 배출될 것이라 예상했다. 하지만 결과는 예상을 완전히 뒤엎는 것이었다.

표식 아미노산은 순식간에 쥐의 온 몸으로 퍼졌고 그 절반 이상이 뇌, 근육, 소화관, 간장, 췌장, 비장, 혈액 등 모든 장기와 조직을 구성하는 단백질의 일부가 되어 있었던 것이다. 그리고 사흘 동안 쥐의 몸무게는 전혀 늘지 않았다.

이는 대체 무엇을 의미하는 걸까? 이는 쥐의 몸을 구성하고 있던 단백질은 사흘 동안 음식을 통해 얻어진 아미노산으로 변환되고 그만큼 몸을 구성하고 있던 단백질은 버려졌다는 걸 뜻한다.

표식 아미노산은 마치 강물에 잉크를 떨어뜨린 것처럼 '흐름'의 존재와 그 속도를 눈으로 확인할 수 있도록 해주었다. 즉, 이로써 우리의 생명을 구성하고 있는 분자는 조립식 장난감 같은 정적인 부품이 아니라, 예외 없이 끊임없는 분해와 재구성이라는 활력 안에 있다는 획기적인 대발견이 이루어진 것이다.

이는 정말 비유가 아니라, 생명은 흘러가는 강물 같은 흐름 가운데 있으며 우리가 계속 먹어야만 하는 이유는 그 흐름을 멈추지 않도록 하기 위해서다. 그리고 더욱 중요한 것은 그 분자의 흐름이, 흐르는 가운데서도 전체적으로 질서를 유지하기 위해 서로 관계성을 유지하고 있다는 것이었다.

개체는 감각적으로는 외계와 격리된 실체로서 존재하는 것처럼 보인다. 하지만 마이크로 단위에서 보면, 우연히 그곳에서 밀도가 높아진 분자가 여유롭게 '머무르는' 상태에 불과한 것이다.

'동적평형'이란 무엇인가

생체를 구성하고 있는 분자는 모두 빠른 속도로 분해되며 음식의 형태로 섭취된 분자로 대체된다. 신체의 모든 조직과 세포의 내부는 이런 식으로 항상 변화하며 새로워지고 있다.

그러므로 우리들의 몸은 분자적인 실체로 본다면 수개월 전의 자신과는 완전히 다른 존재다. 분자는 환경에서부터 와서 한때 머무르면서 우리를 만들어내고 다음 순간에는 다시 환경 속으로 분해되어 간다.

즉, 환경은 항상 우리 몸속을 관통하고 있다. 아니 '관통'이라는 말도 정확하지 않다. 왜냐하면 거기에는 분자가 '통과할 수 있는' 용기(容器) 같은 뭔가가 있었던 것이 아니라 여기서 용기라 부르고 있는 우리의 몸 자체도 '끊임없이 통과하고 있는' 분자가 일시적으로 형태를 만들어 낸 것에 불과하기 때문이다.

거기에 있는 것은 흐름, 그 이상도 그 이하도 아니다. 그 흐름 속에서 우리의 몸은 끊임없이 변하고 간신히 일정한 상태를 유지하고 있다. 그 흐름 자체가 '살아 있다'고 표현되고 있는 것이다. 그리고 쇤하이머는 이 생명의 특이한 현상에 대해 '동적평형'이라는 멋진 이름을 붙여 주었다.

우리는 여기서 다시 한 번 '생명이란 무엇인가?'라는 물음에 답할 수 있다. '생명이란 동적인 평형 상태에 있는 시스템'이라고 말이다.

그리고 여기에는 또 한 가지 중요한 계시가 숨어 있는데, 그것은 가변적이고 지속 가능하다는 것을 특징으로 갖는 생명이란 시스템은 그 물질적인 구조 기반, 즉 구성분자 자체에 의존하는 게 아니라 그 흐름이 유발하는 '효과'라는 것이다. 즉, 생명현상이란 구조가 아니라 '효과'인 것이다.

지속 가능하다는 말은 많은 것을 시사해준다. 지속 가능한 것은 항상 움직이며 그 움직임은 '흐름', 혹은 환경과의 대순환이라는 고리 안에 있다. 지속 가능성은 흐르면서도 환경과의 사이에서 일정한 평형 상태를 유지하고 있다.

외발자전거를 타고 균형을 잡을 때처럼, 오히려 바쁘게 움직이기 때문에 평형을 유지할 수 있는 것이다. 지속 가능성은 움직이면서 항상 분해와 재생을 반복하여 자신을 새롭게 한다. 때문에 환경의 변화에 적응할 수 있고 또한 제 몸의 상처를 치유할 수 있다.

이렇게 생각하면 지속 가능하다는 것은 뭔가를 물질적, 제도적으로 보존하거나 사수하는 게 아님을 저절로 깨닫게 된다.

지속 가능한 것은 언뜻 보기에 불변한 것인 양 보이지만 사실은 항상 움직이면서 평형을 유지하고 또한, 미미하지만 끊임없이 변화한다. 우리는 그 궤적과 운동을, 많은 시간이 흐른 후에야 '진화'라고 부를 수 있음을 깨닫는다.

많은 실패가 의미하는 것은

쉰하이머는 당시의 데카르트적인 기계론적 생명관에 대해 환원론적인 분자 차원의 해상도를 유지하면서 코페르니쿠스적인 전환을 가져왔다. 나는 이 업적이야말로 어떤 의미에서는 20세기 최대의 과학적 발견이라 칭할 만하다고 생각한다.

하지만 공교롭게도 당시 같은 뉴욕에 있던 록펠러대학의 에이브리가 유전물질로서의 핵산을 발견했다. 그리고 그것이 복제 메커니즘을 내포하는 이중나선의 형태를 하고 있다는 사실이 밝혀지면서 분자생물학 시대의 막이 열렸다.

그리고 생명과 생명관에 관한 위대한 업적을 남겼음에도 불구하고 쉰하이머의 이름은 역사 속으로 사라져갔다.

분자생물학 시대를 맞아 생명은 다시 마이크로 차원의 분자 부품으로 이루어진 정교한 조립식 장난감처럼 여겨지고, 우리가 조작할 수 있다는 생각이 지배적이 된다. 필연적으로, 흐르면서도 관계성을 유지하는 동적인 평형계로서의 생명관은 퇴색되어 갔다.

반대로 오늘날 우리는 외적 세계로서의 환경과 내적 세계로서의 생명을 조작하는 과학과 기술을 두고 중대한 기로에 서 있다.

쉰하이머의 동적평형론으로 돌아가 이런 문제들을 다시 한 번 생각해 본다면 경직되기 쉬운 우리의 생명관, 환경관은 온 고지신적인 힌트를 얻을 수 있지 않을까?

이렇게 생각하는 이유는 그의 이론을 확장하면, 환경 속의 모든 분자는 우리 생명체 안을 통과하여 다시 환경으로 돌아가는 대순환의 흐름 속에 있으며 어떤 국면에서도 거기에는 평형을 유지하는 네트워크가 존재한다고 생각할 수 있기 때문이다.

평형 상태에 있는 네트워크의 일부분을 잘라내고 대신 다른 부분을 넣거나 국지적으로 속도를 올리는 일은 언뜻 효율적인 것처럼 보일지도 모른다. 하지만 결국은 평형계에 부하가 걸리도록 하여 흐름을 방해하는 결과를 초래한다.

실질적으로 동등한 것처럼 보이는 부분 부분은 각자가 놓여있는 동적인 평형 안에서만 그 의미와 기능을 가지며 기능 단위로 보이는 부분에도 사실 경계선은 없다.

유전자 조작 기술은 기대했던 만큼 농산물 증산에 기여하지 못했고, 장기 이식술은 아직 결정적으로 유효하다고 말할 수 있을 만큼 생명 연장을 위한 의료에 도움이 되지는 못하고 있다. 만능세포의 분화 메커니즘은 아직 밝혀지지 않았고 증식을 억제하지 못하는 상황이며, 기적적으로 만들어낸 복제양 돌리도 얼마 살지 못했다.

나는 자꾸만 이런 생각이 든다. 이런 일련의 사례는 생명 과학이 과도기에 있음을 의미하는 것이 아니라, 동적인 평형계로서의 생명을 기계론적으로 조작하기는 불가능하다는 것을 증명하는 것이 아닐까.

노래로 가득한 자연

카르테지앙적인 사고를 패러다임 시프트 시켜 보면 다른 하나의 가능성은 라이얼 왓슨(Lyall Watson)이 최근에 저술한 두 권의 책 속에 숨어있다. 그는 우선 《Elephantoms: Tracking The Elephants》에서 코끼리에 대해 썼고, 이어서 《The Whole Hog: Exploring the Extraordinary Potential of Pigs》에서는 돼지에 대한 얘기를 썼다.

그가 이렇게까지 개별적인 동물에 대해 깊이 생각한 이유는 뭘까? 그것은 단적으로 말하면 카르테지앙에 대한 안티테제로써 새로운 자연학을 재구축하기 위함이었다.

동물들은 사고나 의식이 없는 기계가 아니다. 이 사실을 오래 전부터 알고 있었으면서도 지금 우리는 이에 대해 깊이 생각하려고 하지 않는다. 왓슨은 말한다.

'문제는 우리가 언제부턴가 동물에게는 의식이라는 게 없다고 생각하기 시작했다는 것이다' 라고.

나는 왓슨의 이 두 권의 저작물을 번역할 수 있는 행운을 누리게 되었는데 《Elephantoms》에 그려진 코끼리의 모습은 다음과 같았다.

> 코끼리는 아주 먼 오랜 옛날부터 사람들을 보살펴 왔다. 코
> 끼리들은 사람의 선조가 나무에서 내려와 숲을 거쳐 초원
> 으로 나왔을 때도 조용히 자리를 양보해주었던 것이다.

옛날, 남아프리카의 나이스나에는 수많은 코끼리가 평화
로운 나날을 보내고 있었다. 코끼리들은 모계사회를 형성하
며 리더인 어미 코끼리를 중심으로 몇몇 수코끼리가 공동으
로 새끼 코끼리를 키운다. 수컷들은 일반적으로 무리에서 떨
어져 거리를 두고 생활한다.

그런데 아프리카 코끼리는 무분별한 상아 남획의 타깃이
되고 말았다. 게다가 개발의 물결 역시 초원과 수목을 가차
없이 빼앗아 갔고, 그 땅에 깔린 대규모 도로는 코끼리들의
생활권을 토막토막 끊어놓고 말았다.

1981년, 현지의 야생동물 보호단체가 주민들로부터 코끼
리에 관한 정보를 수집하기 시작했다. 당시 나이스나 지역에
생존해 있는 것으로 확인된 코끼리는 고작 세 마리뿐이었다.
이 외의 다른 코끼리를 발견할 만한 단서나 뼈, 사체를 발견
한 사람에게는 일정 사례금을 지급하기로 했으나 그 어떤 정
보도 입수되지 않았다.

그런데 1987년에 하이킹 중이던 한 무리가 코끼리 두 마리
와 마주쳤다. 엄마 코끼리와 10살 남짓 된 새끼였다. 아마도

전에 확인됐던 세 마리 가운데 두 마리일 것이다.

1990년, 삼림국은 본격적으로 코끼리의 실태 파악에 나섰다. 숲에서 일하는 사람들을 동원하여 코끼리의 행동 범위인 숲 중심부 전체를 200야드 간격으로 직접 발로 걸으며 조사했다. 그 결과 사태의 심각성이 드러났다. 숲에 남은 코끼리는 이제 한 마리뿐이었던 것이다.

아마 과거에도 목격되고는 했던 그 엄마 코끼리일 것이다. 추정 연령은 마흔 다섯. 이 나이스나 최후의 코끼리는 사람들로부터 '태모(matriarch)'라 불리는 암컷이었다. 약 1세기 전에는 500마리나 됐던 코끼리 무리가 결국 한 마리가 되었다.

그 뒤로 몇 해가 흘렀다. 당시 아프리카에 머물고 있던 라이얼 왓슨에게 반갑지 않은 소식이 들려왔다. 최후의 코끼리가 최근 몇 달 동안 행방불명이 되었다는 것이다. 왓슨은 서둘러 남아프리카로 향했다. 태모를 찾아, 그녀가 무사함을 확인하기 위해ㅡ.

평생 모계 가족을 유지하며 항상 대화 속에서 살던 코끼리가 단 한 마리만 남게 된 지금, 그녀는 대체 어디로 갔단 말인가? 왓슨에게는 어떤 확신이 있었다. 그는 그가 청소년기를 보낸 남아프리카의 어느 한 장소에서 그 코끼리를 본 적이 있었던 것이다.

그곳은 나이스나 지역에서 국도를 건너 삼림지대가 끝나는 곳이었다. 그곳에서 아프리카의 대지는 가파른 절벽으로 돌변하면서 그 아래에 있는 해수면과 수직을 이루며 떨어진다.

깎아지른 듯한 절벽 위에서는 광활한 바다가 한눈에 내려다
보인다.

드디어 왓슨은 그 낭떠러지 위에 서 있는 태모를 발견했다.
그는 그 광경을 다음과 같이 묘사하고 있다.

나는 그녀에게 마음을 빼앗기고 말았다. 그 위대한 어머니
는 난생 처음으로 고독을 경험하고 있었다. 마음이 저려왔
다. 무수한 늙고 고독한 영혼들이 눈앞에 떠올랐다. 주체 못
할 슬픔이 나를 짓누르려고 하고 있다. 그런데 그 순간, 더
놀라운 일이 일어났다.

대기는 다시 진동하기 시작했다. 그런 느낌이 드는 순간 서
서히 그 의미가 이해되기 시작했다. 긴수염고래가 해면으
로 떠오르더니 가만히 절벽 쪽을 응시했다. 해수를 뿜어내
는 숨구멍까지도 확연하게 분간할 수 있었다.

태모는 이 고래를 만나러 온 것이었다. 바다에서 제일 큰 생
물과 육지에서 가장 큰 동물이 겨우 100야드 정도를 사이에
두고 마주하고 있었다. 그리고 그들은 서로의 생각을 주고
받고 있었음에 틀림없다. 초저주파음을 통해 대화를 하고
있었다.

커다란 뇌를 가졌으며 오랜 세월을 살면서 소수의 자손에
게 커다란 자원을 투자하는 고생스러움을 이해하는 이들.
고도 사회의 중요성과 그 기쁨을 헤아릴 줄 아는 이들. 이
아름답고도 진귀한 여성들은 케이프 해안이라는 울타리를

사이에 두고 서로 자신의 힘겨운 삶을 얘기하고 있었다. 여인이며 태모이자 종의 종말을 눈앞에 둔 생물끼리.

《Elephantoms》에서 가장 아름다운 장면이었다. 자연계는 노래 소리로 가득 차 있으며 코끼리들은 저주파로 대화한다. 그저 우리에게는 그 소리가 들리지 않을 뿐.

이런 사실은 1948년 동물학자인 케이티 페인이 동물원에 초저주파 녹음 장치를 설치하기 전까지는 아무도 알지 못했다. 놀랍게도 코끼리 사육장 안은 '소리'로 가득했다.

사람이 지각할 수 있다고 알려진 것보다 3옥타브나 낮은 음이었다. 두 마리의 코끼리는 1미터나 되는 두꺼운 콘크리트 벽을 사이에 두고 조용히 '대화'를 하고 있었던 것이다.

코끼리가 사용하는 저주파음 대화는 정말로 많은 것을 설명해 주었다. 탄자니아에서 연구 활동을 하던 이언 더글러스—해밀턴은 오래 전부터 코끼리가 눈에 보이는 몸동작이나 목소리를 사용하지 않고 무리를 인솔할 수 있는 이유에 대해 생각해 왔다.

케냐의 신시아 모스와 조이스 풀은 멀리 떨어져 있는 수컷과 암컷이 5년마다 서로를 찾아낸다는 사실을 확인하고는 놀라움을 금치 못했다.

보츠와나의 코끼리들이 초베강으로 향하는 모습은 자로 그어놓은 듯 정확한 직선일 뿐만 아니라, 한 마리 한 마리가 일정한 간격을 두고 나란히 걸어간다. 서로의 모습이 전혀 보일

이토 자쿠츄(伊藤若沖) '상경도병풍(象鯨圖屏風)'

2008년에 호쿠리쿠 지방의 한 유서 있는 집에서 발견되었다. (MIHO MUSEUM 소장)

수 없는 거리임에도 불구하고 말이다—.

그 후로 긴수염고래나 큰고래 역시 물속에서 저주파로 대화를 한다는 사실이 밝혀졌다. 그런데 이 소리가 사람들에게는 전혀 안 들리는가 하면 그렇지도 않다.

페인이 저주파음을 생각해 낸 것도 사육장 안의 '공기의 떨림' 혹은 '무음의 진동' 같은 것을 느꼈기 때문이라고 한다.

음악용 콤팩트디스크에서는 사람에게는 들리지 않는다는 이유로 이런 저주파와 20킬로헤르츠 이상의 고주파는 기계적으로 싹둑 잘려 나간다. 하지만 사실 어떤 고주파는 들을 수 있는 사람도 있으며, 개를 훈련시킬 때 사용하는 휘슬 같은 것을 예로 들 필요도 없이 동물의 귀는 훨씬 더 높은 음을 들을 수 있다.

왓슨의 메시지는 이런 게 아니었을까.

'귀를 기울여 보자. 자연은 노래와 진실로 가득 차 있으니.'

돼지는 사고하는가

《The Whole Hog》에서 왓슨은 더욱 강한 어조로 카르테지앙적인 생명관을 부정한다. 생명이란 결코 그런 것이 아니다. 옛날부터 사람들이 업신여겨 온 돼지는 어쩌면 사람보다 더 섬세하고 지적이며 품위 있는 동물일지도 모른다. 돼지들은 섬세하고 지적이며 품위가 있기 때문에 지금껏 사람들의 만행과 비관용을 관용으로 이해해 준 것이다.

돼지들은 사람이 사람을 사람답게 한다고 생각하는 '마음의 이론(theory of mind)' 까지도 이해하고 있는 것이다. 왓슨이 기록한 에피소드 중에 이런 것이 있다.

한 마리는 크고 한 마리는 작은 두 마리의 돼지를 이용한 실험이 있었다. 실험이 이루어지는 곳의 몇몇의 일정한 장소에는 먹이가 감춰져 있었다. 먼저 작은 돼지를 그곳에서 놀게 하여 시행착오를 거쳐 먹이를 발견하도록 한다.

다음 실험에서는 그곳에 작은 돼지와 큰 돼지를 동시에 풀어놓는다. 먹이가 어디에 숨겨져 있는지 아는 작은 돼지는 재빠르게 돌아다니며 대부분의 먹이를 먹어 치운다. 그리고 같은 실험을 한 번 더 한다.

그러면 이번에는 큰 돼지가 작은 돼지 뒤를 따라다닌다. 그러다가 작은 돼지가 먹이를 발견하는 순간, 재빨리 몸을 던져 작은 돼지를 제치고 먹이를 차지한다.

실험은 여기서 끝나지 않는다. 같은 실험을 다시 한 번 반복한다. 그러자 작은 돼지는 총명하게도 먹이가 있는 장소로 곧장 가지 않고 모르는 척을 하며 그냥 돌아다닌다. 결국 큰 돼지는 작은 놈 뒤만 따라다니는 데 지쳐 다른 행동을 하게 된다. 그러자 그 순간을 기다렸다는 듯 작은 돼지는 먹이가 있는 장소로 가 결국 먹이를 차지했다.

이 실험을 한 브리스톨대학의 마이크 멘델은 이렇게 설명한다.

'이 결과에 대해서는 두 가지 해석이 가능하다. 하나는, 작은 돼지가 체득한 것은 그저 직접 먹이가 있는 장소로 가면 큰 돼지가 감시를 하고 있다가 먹이를 낚아채간다는 경험이라고 보는 견해. 또 하나는, 작은 돼지는 큰 돼지의 생각을 읽을 수 있게 되었다고 보는 해석이다.'

왓슨도 멘델의 의견에 찬성하며 두 번째 해석에 공감한다고 말했다. 그리고 심리학자들이 사용하는 말, 즉 '마음의 이론' 이라 불리는 것이 돼지들에게도 있다고 생각한다고.

사람의 아이들은 7세가 되면 '다른 사람에게도 나와 똑같은 마음이 있다. 하지만 다른 사람은 거기에 나오는 다른 생각을 가지고 있다' 는 것을 이해할 수 있게 된다. 이것이 바로 '마음의 이론' 이다. 돼지 실험은 돼지에게도 이와 같은 사고 능력이 있음을 시사한다고 할 수 있겠다.

이런 내용을 확인하기 위해 브리스톨대학에서는 다른 실험을 진행하고 있다. 본인 역시 그 결과가 자못 궁금하다.

이 실험에서는 돼지 두 마리를 이용했다. 돼지 A에게는 먹이가 감춰진 장소가 보이도록 한다. 또 다른 돼지 B에게는 먹이 장소는 보여주지 않지만 돼지 A에게는 먹이 장소가 보인다는 것을 알게 한다. 그리고 두 마리의 돼지를 동시에 실험 장소에 풀어놓고 행동을 관찰했다.

즉, 이 실험은 돼지가 다른 돼지의 머릿속을 추리할 수 있는 능력이 있는가 없는가를 조사하는 것이며, 상당히 고도의,

또한 커다란 성과를 기대할 수 있다. 물론, 나는 돼지가 이 과제를 해결할 수 있을 것이라 생각한다.

키르테지앙에 대한 안티테제로 '신(新)자연학' 의 재구축을 시도했던 라이얼 왓슨은 정말 애석하게도 2008년 6월에 암으로 세상을 떠났다.

안티 안티에이징

우리가 사는 이 우주에서는 빛나던 것은 언젠가 녹이 슬고, 물은 결국 마르며, 열이 있는 것은 서서히 식어간다. 시간 속에서 이런 흐름을 거역할 수는 없다.

과학은 지금까지 사람이 할 수 있는 많은 것을 실현 가능하게 했으나, 동시에 사람이 할 수 없는 것도 가르쳐 주었다. 그것은 바로 시간을 돌이키는 일, 즉 자연계에서 사물의 흐름을 역전시키는 것은 결코 불가능하다는 사실이었다.

이것이 '엔트로피 증대의 법칙' 이다. 엔트로피란 '난잡함' 의 척도이며 '녹슬다' '마르다' '파괴되다' '잃다' '흩어지다' 같은 말과 동의어라 할 수 있다.

질서가 있는 것은 모두 불가피하게 난잡함이 증대하는 방향으로 진행하며 그 질서는 결국 파괴되는데, 여기서 내가 말하는 '질서' 는 '아름다움' 혹은 '시스템' 으로 바뀌 말해도 좋을 것이다. 모든 것은 마모되고 산화하며, 실수가 축적되다가 결국에는 장애가 발생한다. 즉 엔트로피는 항상 증대하는 것이다.

그런데 이런 운명을 갖고 있는 생명은 이에 대비해 어떤 준비를 했다. 엔트로피 증대의 법칙에 앞서 자신을 파괴하고 재구축하는 순환 상태, 즉 '동적평형' 인 것이다.

하지만 생명은 오랜 세월 '엔트로피 증대의 법칙' 과 쫓고 쫓기는 동안 조금씩 분자 차원에서 손상이 축적되다가 결국 엔트로피의 증대에 추월당하고 말았다. 즉, 질서를 유지할 수 없는 순간을 반드시 맞이하게 된 것이다. 이것이 바로 개체의 죽음이다.

다만, 이때는 이미 순환의 고리가 다음 세대로 바통을 넘겨준 뒤라 전체적으로 보면 생명 활동은 계속된다. 실제로 생명은 이런 방법을 통해 지구상에서 38억년 동안 연면히 유지되어 왔다. 그러므로 개체라는 것은 본질적으로는 이타적인 존재인 것이다.

생명은 자기라는 개체의 생존에 관해서는 이기적인 것처럼 보이지만, 모든 생물이 반드시 죽는다는 것은 그야말로 이타적인 시스템인 것이다. 그럼으로써 치명적으로 질서가 붕괴되기 전에 질서는 다른 개체로 이행하여 초기화된다.

따라서 '살아있다' 는 것은 '동적인 평형' 을 유지하며 '엔트로피 증대의 법칙' 과 타협하는 것이라 할 수 있다. 바꿔 말하면 무분별하게 시간의 흐름에 대항하는 게 아니라, 그것을 받아들이면서 공존하는 방법을 채택한 것이다.

우리의 피부는 놀라운 속도로 재생된다. 피부를 만드는 세포층(진피)은 항상 새로운 조직을 만들어서 이를 표면으로 밀어내고 있다. 피부나 머리카락이 이렇게 다시 만들어진다는 것은 비교적 쉽게 실감할 수 있지만 동적평형 상태에 있는 것은 피부나 머리카락뿐만이 아니다.

온 몸의 세포는 하나의 예외도 없이 동적인 평형 상태에 있으며 순간순간 파괴되고 재생된다. 피부가 자신의 내부에 차곡차곡 쟁여둔 소화관이나 내장의 세포도 끊임없이 파괴되었다가는 다시 만들어진다.

세포 분열이 일어나지 않는다고 알려진 심장이나 뇌도 개개 세포의 내부는 점차 파괴되고 새로운 분자로 대체된다. 언뜻 보기에 영원할 것 같은 뼈나 치아 역시, 그 내부에서는 항상 신진대사가 진행되어 파괴와 동시에 새로운 분자로 채워진다.

생명은 이리하여 불가피하게 몸속에 축적되는 난잡함을 외부로 버린다. 이 기묘한 시스템이야말로 생명의 역사가 38억 년 동안 만들어낸, 시간과 공존하는 방법인 것이다.

그런데 우리는 때때로 그 공존 방법을 무시하고 시계바늘을 거꾸로 돌리고자 하는 욕구에 사로잡힌다. 이마나 볼에 새겨진 주름을 펴고 싶어하며 듬성듬성해진 머리카락을 다시 심고 싶어한다.

하지만 생명 현상을 지탱하고 있는 지속 가능한 시스템은 통합적이기 때문에 노화가 두드러지는 신체 일부에서 하나의 원인을 찾아서는 단일한 유효 성분에 의지해 그 현상을 바꿔보려는 것은 바람직하지 못한 환원주의라 할 수 있다.

예를 들어 화학적으로 합성된 약물은 한때 신체의 일부에 극적인 효과를 보여주지만 얼마 지나지 않아 신체는 그 흔들림을 원위치시켜 무효화하고 만다. 생명 현상은 동적인 평형 상태이기 때문이다.

또한, 정제된 약을 섭취하는 것보다 같은 약물을 함유한 약초를 통째로 먹는 것이 더 효과적인 경우가 종종 있다. 이는 약초에 함유된 것이 단일 성분이 아니고 복합적인 스펙트럼을 가진 약물군이며, 이들이 생명의 평형을 밀고 당기면서 균형을 회복하는 데 도움을 주기 때문이다. 여기서도 단일 성분에 의한 단일 스펙트럼만으로 작용을 생각하는 환원주의는 그 한계를 드러낸다.

우리가 할 수 있는 일은 극히 제한적이다. 생명현상이 그 본래의 시스템을 원활하게 발휘할 수 있도록 충분한 에너지와 영양을 섭취하고(끊임없이 질서를 파괴하며 재구축하기 위해 세포는 많은 에너지와 영양을 필요로 한다), 지속 가능을 저해하는 인위적인 인자나 스트레스를 가능한 한 피해야 한다.

이리하여 우리는 아주 간단명료한 진언을 만나게 된다. 그것은 바로 안티 안티에이징이야말로 에이징과 공존할 수 있는 가장 현명한 길이라는 것이다.

왜 사람은 소용돌이에 휘말리는가

매년 5월이면 신주쿠교엔에서 로하스 디자인전이 개최된

다. '로하스'란 건강과 지구 환경의 지속성을 생각하는 생활 양식(Lifestyles Of Health And Sustainability)이라는 뜻으로, 이를 지향하는 디자인들이 교엔의 잔디밭 위에 전시된다.

전시 작품은 반복 충전이 가능한 건전지, 기존보다 30퍼센트 더 가벼워진 페트병, 가능한 물을 사용하지 않는 유기농법, 이산화탄소를 먹고 유용한 고분자를 생산하는 미생물 등 로하스를 구체화하는 형태의 것들이다.

생명은 '흐름'이며 우리 몸이 그 '흐름이 잠시 머무르는 상태'라면 환경은 생명을 둘러싸고 있는 게 아니다. 생명은 환경의 일부, 혹은 환경 그 자체인 것이다.

2007년 전시에서 가장 크게 내 관심을 끈 것은 새로운 디자인의 풍차였다. 풍차는 자연 에너지를 이용하는 방법으로 이미 그 자체가 로하스적이라 할 수 있다. 나는 바닷가에 일렬로 늘어서 있는 커다랗고 하얀 풍차를 볼 때면 기분이 좋아진다.

하지만 이에 따르는 폐해도 있다. 우선 그 커다란 풍차가 강한 바람을 만나 돌 때는 상당한 소음이 발생한다. 태풍 같은 지독한 바람을 만나면 손상될 위험도 있다. 철새가 돌고 있는 풍차로 빨려 들어가거나 혹은 충돌하여 죽는 일도 있다.

그런데 로하스 디자인전에 출품된 풍차는 지금까지 우리가 보아온 양 팔을 한껏 쭉 뻗고 있는 그런 모습이 아니었다. 세 장의 은빛 날개는 밖으로 펼쳐지지 않고 안쪽으로 꼬여 3중의 아름다운 나선 구조를 그리고 있었다. 마치 미래형 도시의 통신 안테나처럼.

이 나선 구조로 인해 풍차는 정말 작아졌으며 공간을 차지하는 부피도 현격하게 줄었다. 그만큼 소음도 손상도 줄어들었으며 철새와 충돌할 확률도 줄어들게 된다. 게다가 바람을 받아들이는 능력이 기존의 풍차보다 더 좋으면 좋았지 못하지는 않다고 한다. 바로 이것이야말로 로하스를 형태로 표현한 것이라 할 만한 획기적인 작품이었다.

여기에는 말 그대로 로하스적 사고가 담겨있다. 나는 그렇게 생각했다. 로하스적인 사고는 뭔가를 금지하거나 명령하는 것이 아니다. 오히려 우리의 사고방식에 패러다임 시프트를 가져오는 것이다. 이 시프트란 단적으로 말하면 '선형성에서 비선형성으로' 라고 표현할 수 있다.

우리는 지금 너무나 기계론적인 자연관, 생명관 속에서 살고 있다. 이런 세상에서는 입력을 2배로 늘리면 출력도 2배가 된다는 그런 선형적인 비례관계로 세계를 제어하는 것이 지상 명제가 된다. 그 결과, 우리는 항상 멈추지 않는 성장을 원하고, 속도를 높이며, 직선적으로 나가야 한다.

그런데 이것이 일종의 폐색 상황을 낳고 다양한 환경 문제를 야기했다. 지금 우리는 반성기에 들어서 있음 또한 사실이다. 우리는 선형성의 환상에 지쳐 보다 더 자연스러운 모습으로 회귀하고 있다.

여기서는 효율보다 질감이 필요하며 가속은 등신대의 속도로 감속되고, 직선성은 순환성으로 대체된다. 이런 흐름이야말로 로하스적 사고다. 그런 의미에서 직선적인 풍차 모양을 나선형의 소용돌이로 발상 전환한 것은 훌륭하기까지 하다.

자연계는 소용돌이 모양으로 가득 차 있다. 소라, 뱀, 나비의 입, 식물의 줄기, 물의 흐름, 밀물, 기류, 태풍의 눈. 그리고 우리가 살고 있는 이 은하계 자체도 커다란 소용돌이를 형성하고 있다.

소용돌이 문양은 인류의 문화적 유산 가운데도 많다. 이는 인류사에서 우리 선조들이 소용돌이 모양에 불가사의함과 흥미, 그리고 두려운 감정을 느꼈음을 말해준다.

소용돌이는 생명과 자연의 순환성을 상징화하는 문양임에 틀림없다.

생각이 여기에 미치면, 우리가 선형성에서 비선형성으로 회귀하고 '흐름' 속으로 회귀해 가는 존재임이 저절로 깨달아진다.

벌써 10년 정도 전의 일이다. 당시 교토에 있던 내게 어느 날 갑자기 전화가 걸려왔다.

"멀리스 박사님의 책을 번역한 후쿠오카 박사님이시죠? 멀리스 박사님도 재미있지만 후쿠오카 박사님도 재미있는 분 같아요. 한 번 만나 뵐 수 있을까요?"

그런, 뭔가 석연치 않으며 정체도 불분명한 내용의 전화였다. 나 또한 그쪽의 눈에는 일개 연구자에 불과하고 뭔가 분명치 않은 구석도 있었을 것이다. 멀리스 박사는 유전자 증폭 기술, 소위 말하는 PCR법을 개발한 전대미문의 과학자이며 상습적으로 LSD를 복용한다고 공언하고 다니는 서퍼이기도 하다.

평생 단 한 번의 기적적인 착상으로 분자생물학의 세계에 혁명을 불러일으킨 남자. 나는 해외 체류 중에 우연히 그를 알게 된 인연으로 《멀리스 박사의 기상천외한 인생》이라는 그의 자서전을 번역한 적이 있다.

분명, 나는 뭔가에 목말라 있었는지 모른다. 멀리스의 책이 가져온 이 우연의 물결을 타고 나는 도쿄로 갔다. 쓰키지 시장

근처에 있는 어느 상가 빌딩이었다. 거기에는 이제 막 〈소토코토ソ ト コ ト〉라는 묘한 이름의 창간한 지 얼마 되지 않은 환경 잡지 편집부가 있었다.

모든 것이 어딘가 모르게 분명치 않았다. 하지만 무언가가 시작될 때 거기에 구체적인 윤곽은 없는 법이다. 형태는 미리 주어지는 것이 아니라 타율적으로 점점 완성되며 그것은 항상 움직이면서 위태로운 평형 위에서 완성된다. 그렇게 분명치 않은 상황에서 나는 멀리스 박사를 인터뷰 취재하기 위해 미국 서해안으로 향했고 그 내용을 〈소토코토〉에 연재하기로 했다.

이 책은 그때 연재했던 「element · fragment · moment—등신대(等身大)의 과학을 위해—」(도중에 몇 번인가 게재 페이지와 양식이 바뀌었으며 현재는 권두 칼럼임)라는 기고문을 다시 편집하고 가필하여 책으로 엮은 것이다.

또한, 다이너스 카드사의 회원지인 〈시그니처〉에도 글을 쓸 기회가 있었는데 이 책에는 그곳에 기고했던 문장도 가필, 정리하여 함께 실었다. 이 글들은 말 그대로 요소이고 단편이며 흔들림이었던 다양한 생각들이 말의 형태로 변한 그 무엇이며, 내 모든 사고는 여기서 비롯됐다고 할 수 있다.

글쓰기가 생각을 낳고, 생각이 말을 찾으려 한다. 그런 의미에서 오랜 기간에 거쳐 말의 요람이 될 수 있는 장소를 제공해 준 두 잡지에 진심으로 감사한다.

생명, 자연, 환경—거기에 살아 숨 쉬는 모든 현상의 핵심을 풀 수 있는 키워드, 나는 그것을 '동적평형(dynamic equilibrium)'이라 생각한다. 끊임없이 흐르면서 정교한 균형을 유지하는 것. 끊임없이 파괴하고 항상 재구축하는 것 외에 손상을 피할 수 있는 방법은 없다. 생명은 그런 모습과 행동 양식을 선택했다. 이것이 동적평형이다.

그리고 이는 나의 키워드이기도 하다. 그러므로 이 단어를 본서의 제목으로 하는 데 일말의 망설임도 없었다.

후쿠오카 신이치

동적평형

초판 1쇄 발행 2010년 3월 24일
초판 9쇄 발행 2024년 7월 5일

지은이 · 후쿠오카 신이치
옮긴이 · 김소연
펴낸이 · 주연선

(주)은행나무
04035 서울특별시 마포구 양화로11길 54
전화·02)3143-0651~3 | 팩스·02)3143-0654
신고번호·제1997—000168호(1997.12.12)
www.ehbook.co.kr
ehbook@ehbook.co.kr

ISBN 978-89-5660-336-0 (03470)